# 西藏毛腿沙鸡
Tibetan Sandgrouse

体长：40厘米
居留类型：留鸟

　　特征描述：中央尾羽延长的大型沙鸡。翼黑色，中央尾羽延长，羽端白色，胸部无黑色块斑，深色小点构成细横纹，将白色的腹部与橙黄色的脸及喉隔开，整体浅色的胸腹部将其与中国另外两种沙鸡区别开。
　　虹膜褐色；喙角质蓝色；脚偏蓝色，腿被羽。
　　生态习性：结群生活于荒芜草地及多岩石的碎石滩上。
　　分布：中国见于西藏、新疆西南部、四川西北部、青海南部及东部。国外分布于拉达克地区和帕米尔高原。

雌鸟/西藏/杨华

西藏/杨华

空旷荒凉、平缓起伏的景观是沙鸡栖息地的典型特征/西藏/杨华

# 毛腿沙鸡

Pallas's Sandgrouse

体长：36厘米
居留类型：夏候鸟、旅鸟、冬候鸟

　　特征描述：大型沙色沙鸡。中央尾羽延长，脸侧有橙黄色斑纹，眼周浅蓝色，无黑色喉斑，上体具浓密黑色杂点，腹部具特征性的黑色斑块。雄鸟胸部浅灰色，无纵纹，黑色的细小横斑形成胸带。雌鸟喉具狭窄黑色横纹，颈侧具细点斑。飞行时翼形尖，翼下白色，次级飞羽具狭窄黑色缘。

　　虹膜褐色；喙偏绿色；脚偏蓝色，腿被羽。

　　生态习性：栖于开阔的贫瘠原野、无树草场及半荒漠地带，也光顾收割后的耕地。

　　分布：中国见于北方地区，迁徙季节南下至河北、陕西、辽宁及山东越冬，偶在华北有繁殖记录。国外分布于中亚。

雌鸟/新疆阿勒泰/张国强

雄鸟/内蒙古/张明

雌鸟/新疆阿勒泰/张国强

雄鸟/新疆阿勒泰/张国强

一个小家庭/雄鸟（前）雌鸟（后）/内蒙古/张明

雄鸟带雏鸟/内蒙古/张明

# 黑腹沙鸡
Black-bellied Sandgrouse

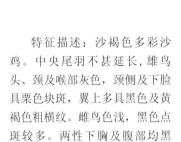

保护级别：国家 II 级
体长：34 厘米
居留类型：夏候鸟、旅鸟

特征描述：沙褐色多彩沙鸡。中央尾羽不甚延长，雄鸟头、颈及喉部灰色，颈侧及下脸具栗色块斑，翼上多具黑色及黄褐色粗横纹。雌鸟色浅，黑色点斑较多。两性下胸及腹部均黑色，胸具皮黄色胸带，其上为纯黑色的项纹。

虹膜褐色；喙绿灰色；脚绿灰色。

生态习性：栖息于干燥而少植被的地区以及耕作区的边缘。

分布：中国繁殖于新疆北部及西北部（天山），迁徙时途经新疆西南部（喀什）。国外分布于西班牙、北非、中东、印度北部及西北部、阿富汗、俄罗斯南部。

雄鸟/新疆阿勒泰/张国强

新疆阿勒泰/张国强

# 原鸽
Rock Pigeon

体长：32厘米
居留类型：留鸟

　　特征描述：极似家鸽的中型蓝灰色鸽类。头小而体壮，翼上及尾端横斑黑色，头及胸部具紫绿色闪光，为人们所熟悉的城市及家养品种鸽的野生型，与家鸽的区别在于羽色规则，翼上覆羽无雨点斑，鼻瘤微小。

　　虹膜褐色；喙角质色；脚深红色。

　　生态习性：崖栖性鸟类，喜开阔地带，在地面觅食。很容易适应城市及庙宇周围的生活，常结群活动，盘旋飞行。

　　分布：亚种 *neglecta* 在中国西北地区及喜马拉雅山脉为地方性常见鸟，*nigricans* 分布于青海南部至内蒙古东部及河北。国外见于印度次大陆的部分地区和古北界南部，引种至世界各地。

新疆阿勒泰／张国强

雄鸟（右一、右二）昂首挺胸，膨大颈部鸣叫，尾随雌鸟进行求偶炫耀／西藏吉隆／肖克坚

新疆阿勒泰/张国强

# 岩鸽

Hill Pigeon

体长：31厘米　居留类型：留鸟、候鸟

　　特征描述：极似家鸽而尾羽完全不同的灰色鸽类。中等体型，翼上具两道黑色横斑，似原鸽，但腹部及背色较浅，尾上有宽阔的偏白色次端带，灰色的尾基、浅色的背部及尾上白色端带成明显对比。

　　虹膜浅褐色；喙黑色，蜡膜肉色；脚红色。

　　生态习性：成对或集群栖息于多峭壁崖洞的悬崖地带，在地面觅食。

　　分布：中国亚种*turkestanica*为新疆西部及西藏的留鸟，指名亚种繁殖遍及华北、东北及华中地区，部分鸟秋冬南迁越冬，分布可至海拔6000米。国外见于喜马拉雅山脉南麓、中亚。

西藏纳木错/董磊

北京/张永

青海共和/高川

# 雪鸽
## Snow Pigeon

体长：35厘米　居留类型：留鸟

特征描述：大型白色鸽类。头深灰色；领、下背及下体白色，上背褐灰色，腰、尾黑色，中间部位具白色宽带，翼灰色，具两道黑色横纹。

虹膜黄色；喙深灰色，蜡膜洋红色；脚浅红色。

生态习性：成对或结小群活动，滑翔于高山草甸、悬崖峭壁及雪原的上空，在地面觅食，常见于海拔3000－5200米的适合环境，尤其较潮湿的地区。

分布：中国分布于西藏南部、东部及东南部和云南西北部、四川西部及青海。国外见于喜马拉雅山脉南麓。

西藏/张永

崖栖是雪鸽、岩鸽和原鸽共同的特征/西藏/张明

西藏错那/肖克坚

# 欧鸽
Stock Dove

体长：31厘米
居留类型：留鸟

特征描述：中型灰色鸽类。体形较原鸽纤细，胸偏粉色，颈侧具金属绿色块斑，翼具两道黑色纵纹，与原鸽区别在于腰灰色，翼上纵纹不完整，初级飞羽具黑色缘，颈部亮紫色少。

虹膜褐色；喙黄色；脚红色。

生态习性：不结大群，常活动于干燥开阔地带。

分布：中国为新疆喀什及天山地区的罕见留鸟。国外见于欧洲、北非、亚洲西南部、伊朗、土耳其。

新疆/王尧天

新疆阿勒泰/肖克坚

新疆阿勒泰/肖克坚

新疆奇台/邢睿

# 斑尾林鸽

Common Wood Pigeon

保护级别：国家Ⅱ级
体长：42厘米
居留类型：留鸟

　　特征描述：身体壮实的大型灰色鸽类。胸粉红色，颈侧具绿色闪光斑块，下连豆状的乳白色块斑，飞行时黑色的飞羽及灰色的覆羽间具白色宽横带。幼鸟颈侧无乳白色块斑，胸棕色。
　　虹膜黄色；喙偏红色；脚红色。
　　生态习性：结群活动，栖息于开阔林地但常觅食于农耕地。起飞时扑翼响动声大，炫耀飞行时两翼至最高点后俯冲而下，或两翼半合滑翔，动作略似珠颈斑鸠。
　　分布：在中国罕见，亚种*casiotis*为新疆喀什及天山地区的留鸟。国外见于欧洲至俄罗斯、伊朗及印度北部。

新疆阿勒泰/张国强

新疆阿勒泰/张国强

斑尾林鸽比原鸽更常栖于树枝上，不结大群且在树上筑巢/新疆阿勒泰/张国强

# 点斑林鸽
Speckled Wood Pigeon

体长：38厘米
居留类型：留鸟

　　特征描述：体态优雅的褐灰色中型鸽类。与其他所有鸽种的区别在颈部羽毛长而具端环，体羽无金属光泽，头灰色，颈部具条纹，翼覆羽具浅色点，上背酱紫色，下背灰色。
　　虹膜灰白色；喙黑色，喙基紫色；脚黄绿色，爪艳黄色。
　　生态习性：成对或结小群活动。主要栖于海拔1800－3300米亚高山多岩崖峭壁的森林中。
　　分布：中国见于西藏南部、东南部及东部，云南及四川，为常见留鸟。国外分布于喜马拉雅山脉至缅甸。

西藏亚东/肖克坚

西藏亚东/刘勇

西藏亚东/董磊

西藏亚东/肖克坚

# 灰林鸽
Ashy Wood Pigeon

体长：35厘米
居留类型：留鸟

特征描述：中等体型的灰色鸽类。后枕具宽阔的皮黄色而带黑色鳞状斑的颈环，头部灰色，明显较身体其他部分色浅，颏白色，上背有淡紫色及绿色闪光，胸灰色，向臀部渐变为灰白色。

虹膜白色至黄色；喙灰绿色，基部紫色；脚红色。

生态习性：性羞怯。单个、成对或成小群活动，栖息于海拔1200—3200米的阔叶林中。

分布：中国为西藏南部及东南部、云南西部的罕见留鸟，常见于台湾岛。国外见于喜马拉雅山脉、缅甸北部、泰国北部。

台湾/蔡伟勋

灰林鸽栖息于比点斑林鸽栖息地海拔低的生境，常见于茂密的原生阔叶林/云南铜壁关/陈亮

# 欧斑鸠
European Turtle Dove

体长：35厘米　　居留类型：留鸟

特征描述：体型略小的粉褐色斑鸠。颈侧具黑白色细纹形成的斑块，翼覆羽深褐色，具浅褐色鳞状斑，与山斑鸠的区别在于体型较小，色彩较浅，翼覆羽无白色羽端，胸部现酒红色，眼周裸露皮肤红色。

虹膜黄色；喙灰色；脚粉红色。

生态习性：性羞怯，常见于有林木的开阔农田里。

分布：中国见于西藏西部及新疆，为地方性常见留鸟。国外分布于欧洲、亚洲西南部、北非及西南亚。

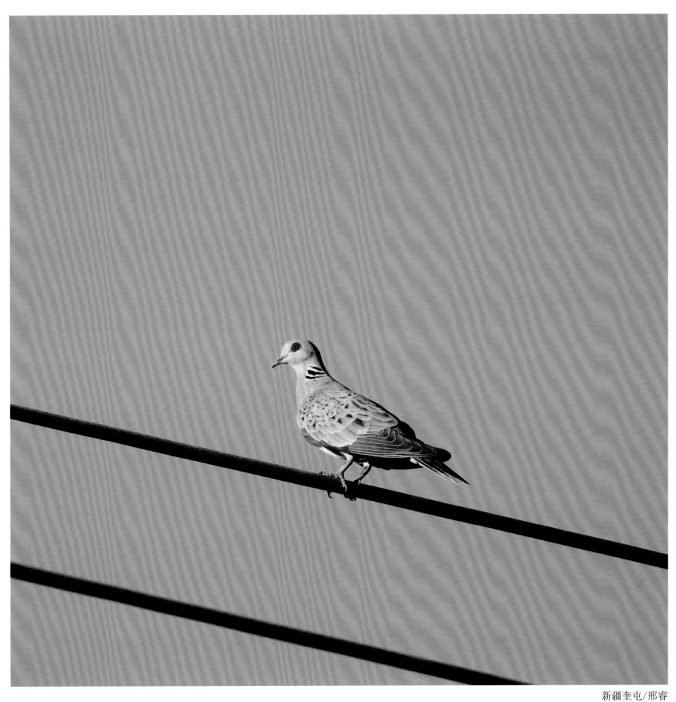

新疆奎屯/邢睿

0589

# 山斑鸠
Oriental Turtle Dove

体长：32厘米
居留类型：留鸟、旅鸟、夏候鸟

　　特征描述：中型粉色斑鸠。外形显得粗壮，颈侧具有带明显黑白色条纹的块状斑，上体和翼覆羽深褐色，羽缘锈棕色，腰灰色，尾羽近黑色，尾浅灰色，下体多偏粉色。

　　虹膜黄色；喙灰色；脚粉红色。

　　生态习性：喜有林生境。多成对或结小群活动于开阔农耕区、村庄及寺院周围，取食于地面。

　　分布：中国有4个亚种，其中亚种*meena*在西部及西北部为留鸟，指名亚种为西藏南部至东北大多数地区的留鸟或夏候鸟，*orii*为台湾岛留鸟，*agricola*见于云南南部及西南部。国外见于喜马拉雅山脉、印度、东北亚、日本，北方鸟南下越冬，常见且分布广泛。

江西婺源/高川

沈阳/张永

生活于南方和西部的山斑鸠比东部个体色深而体型小，类似现象也见于其他类群/西藏拉萨/董磊

# 灰斑鸠
Eurasian Collared Dove

体长：32厘米
居留类型：留鸟

　　特征描述：灰色斑鸠。尾长而身体结实，后颈具黑色而边缘白色的半领圈。
　　虹膜褐色；喙灰色；脚粉红色。
　　生态习性：栖息于农田及村庄，常停栖于房顶、电杆、电线或突出的立木上。白天多单独或成对活动，不甚畏人，非繁殖季节常成群夜宿于针叶树上。
　　分布：中国常见于新疆南部、华北、四川，偶见于安徽、福建福州及云南。国外见于欧洲至西亚、南亚、缅甸。

内蒙古阿拉善左旗/王志芳

新疆阿勒泰/张国强

繁殖季节外灰斑鸠常结小至大群定点夜栖于茂密的树冠中/江西/曲利明

# 火斑鸠
Red Turtle Dove

体长：25厘米
居留类型：留鸟、旅鸟、夏候鸟、冬候鸟

　　**特征描述**：尾略短的小型斑鸠。颈部有黑色半领圈，其前端白色。雄鸟头部偏灰色，下体偏粉色，翼覆羽棕黄色，初级飞羽近黑色，尾羽青灰色，羽缘及外侧尾端白色。雌鸟色较浅，头暗棕色，体羽红色较少，整体偏灰色。

　　虹膜褐色；喙灰色；脚红色。

　　**生态习性**：为开阔林地和沿海次生林的常见留鸟，喜干燥生境。在地面边快速走动边觅食。

　　**分布**：中国分布于华南、华东、华北、华中等地。国外见于喜马拉雅山脉、印度至东南亚。

雌鸟/台湾/林月云

雄鸟/台湾/林月云

火斑鸠多栖息于阔叶林/雄鸟/江苏盐城/孙华金

雌鸟（左）和雄鸟（右）常在一起活动/台湾/林月云

# 珠颈斑鸠

Spotted Dove

体长：25厘米　居留类型：留鸟

特征描述：身形修长的粉褐色斑鸠。中等体型，外侧尾羽前端的白色甚宽，飞羽与体羽相比色较深，颈侧长有满是白色点的黑色块斑。

虹膜橘黄色；喙黑色；脚红色。

生态习性：适应各种人居环境，包括村庄周围、农地和城市园林绿地。喜在地面取食，常成对站立于开阔路面上，受干扰后缓缓振翅，贴地飞起。

分布：中国见于华北、华中、西南、华东及华南等地。国外广布于东亚至东南亚，经小巽他群岛引种至其他地区，远及澳大利亚。

北京/沈越

珠颈斑鸠多在地面觅食/重庆九龙坡/肖克坚

江西/曲利明

# 棕斑鸠

Laughing Dove

体长：25厘米　居留类型：留鸟

特征描述：粉褐色小型斑鸠。身体纤细，尾长而翼短，与灰斑鸠区别在于体型较小，无黑色颈环，色彩较深，更似欧斑鸠，但无欧斑鸠颈部和翼上的图纹，而具带黑色斑点的褐色颈带，外侧尾羽羽端白色，具独特的蓝灰色翼斑。

虹膜褐色；喙灰色；脚粉红色。

生态习性：栖息于开阔农田。飞行缓慢，不甚畏人。

分布：中国在新疆西部喀什及天山地区为罕见留鸟。国外见于北非、中东、阿富汗、土耳其。

新疆喀什/肖克坚

# 斑尾鹃鸠

Barred Cuckoo-Dove

保护级别：国家II级　　体长：38厘米　　居留类型：留鸟、夏候鸟

特征描述：大型褐色鸠类。尾长，背及尾满布黑色或褐色横斑。雄鸟头灰色，颈背呈亮蓝绿色，胸偏粉色，渐至白色的臀部。雌鸟颈背无亮绿色，其余部分似雄鸟，背上横斑较密，尾部有横斑。

虹膜黄色或浅褐色；喙黑色；脚红色。

生态习性：为海拔800－3000米间山地森林的不常见夏候鸟或留鸟。在山地森林内繁殖，结小群活动。

分布：中国在四川中部为夏候鸟，在云南南部、福建北部、广东、海南岛为留鸟，上海为迷鸟。国外见于喜马拉雅山脉至东南亚。

雄鸟/云南盈江/沈越

雄鸟/福建福州/郑建平

至地面觅食时尾微微上举/雌鸟/西藏山南/李锦昌

雄鸟/西藏山南/李锦昌

常在结实的树木上采食/雄鸟/福建福州/白文胜

# 菲律宾鹃鸠

Philippine Cuckoo-Dove

保护级别：国家 II 级　　体长：38厘米　　居留类型：迷鸟

特征描述：周身褐色的鸠类。体型大而尾长，似斑尾鹃鸠，但周身无显著横斑，头颈及下体暖棕色，上体及尾羽橄榄棕色。虹膜浅褐色；喙角质褐色；脚红色。

生态习性：似其他鹃鸠。

分布：中国偶见。国外分布于菲律宾群岛，迷鸟见于周边地区。

雌鸟/台湾/吴崇汉

雄鸟/台湾/吴崇汉

雌鸟/台湾/吴崇汉

雌鸟/台湾/孙驰

雌鸟/台湾/吴崇汉

# 绿翅金鸠
Emerald Dove

体长：25厘米　居留类型：留鸟

特征描述：中型鸠类。尾短而身体紧凑，下体粉褐色，腰灰色，两翼亮绿色。雄鸟头顶灰色，额白色；雌鸟头顶无灰色，飞行时可见背部醒目的黑白色横纹。

虹膜褐色；喙红色，喙尖橘黄色；脚红色。

生态习性：栖息于原始林及次生林中。通常单个或成对活动于森林下层的植被浓密处。起飞时振翅有声，饮水于溪流及池塘。主要在地面活动，时常在碎石公路的路面行走啄食。

分布：中国常见于云南南部、广西、海南岛、广东至台湾岛南部及西藏东南部。国外见于印度次大陆、东南亚和澳大利亚。

雄鸟/云南/杨华

雌鸟/云南瑞丽/沈越

云南瑞丽/董磊

# 橙胸绿鸠
Orange-breasted Green Pigeon

保护级别：国家 II 级　　体长：29厘米　　居留类型：留鸟

特征描述：中等体型的绿鸠。初级飞羽全黑色，次级飞羽和大覆羽黑色但有明黄色边缘，覆羽暗绿色，双翼合拢时可见黄色边缘和条纹，脸前部绿色，颈背及上背灰色。雄鸟下体黄绿色，上胸淡紫色，下胸橘黄色。雌鸟胸部绿色，尾上覆羽近橘黄色，尾灰色，外侧尾羽具黑色次端斑。

虹膜蓝色及红色；喙绿蓝色；脚深红色。

生态习性：成对或成小群活动于热带地区林地，在矮小的有果灌丛及果树上取食。具典型的抽尾炫耀。

分布：中国在海南岛为罕见留鸟，偶见于台湾岛。国外见于印度、东南亚。

雄鸟/海南/林月云

雄鸟/海南/林月云

雄鸟（上）雌鸟（下）/海南/林月云

# 灰头绿鸠
Ashy-headed Green Pigeon

保护级别：国家 II 级
体长：26厘米
居留类型：留鸟

　　特征描述：中等体型的绿鸠。雄鸟似厚嘴绿鸠，但喙较细，蓝灰色，无明显的眼圈，翼覆羽及上背绛紫色，胸部染橙红色。雌鸟全身绿色，尾下覆羽具短的条纹而非横斑。

　　虹膜外圈粉红色，内圈浅蓝色；喙蓝灰色；脚红色。

　　生态习性：结小群或大群栖于低地雨林中，有时光顾盐渍地。

　　分布：中国在云南西双版纳为罕见留鸟。国外见于印度、斯里兰卡、印度尼西亚及菲律宾。

绿鸠几乎完全在树冠取食/雄鸟/云南西双版纳/沈越

雌鸟周身的绿色是很好的保护色/雌鸟/云南西双版纳/沈越

# 厚嘴绿鸠
## Thick -billed Green Pigeon

保护级别：国家II级　　体长：27厘米　　居留类型：留鸟

特征描述：喙显得短粗而身体厚实的中型绿鸠。雄鸟背部及内侧翼上覆羽绛紫色，雌鸟相应部位深绿色。额及头顶灰色，颈绿色，下体黄绿色，翼近黑色，具黄色羽缘和一道明显的黄色翼斑，中央尾羽绿色，其余灰色具黑色次端斑，两胁绿色具白色斑，尾下覆羽黄褐色。

虹膜黄色，眼周裸皮艳蓝绿色；喙黄色，喙基红色；脚绯红色。

生态习性：栖于低地森林中，有时上至山地雨林中活动。结群取食，常在树木的低枝上扑翼。

分布：中国罕见于云南西南部、南部以及海南岛的西南部，偶见于香港。国外见于印度西北部、尼泊尔、菲律宾及大巽他群岛。

雄鸟/云南德宏/李杰

雌鸟（左下）雄鸟（右上）/海南/王揽华

绿鸠常结群生活/海南/王揽华

# 黄脚绿鸠
Yellow-footed Green Pigeon

保护级别：国家 II 级
体长：33厘米
居留类型：留鸟

特征描述：中等体型的绿鸠。上胸的黄橄榄色条带延伸至颈后，与灰色下体及狭窄的灰色后领成反差，尾上偏绿色，具宽大的深灰色端斑。

虹膜外圈粉红色，内圈浅蓝色；喙灰色，蜡膜绿色；脚黄色。

生态习性：栖息于季雨林和次生林中，分布至海拔800米。与犀鸟、其他鸠类一同造访结实的无花果树。

分布：中国在云南西部及南部为留鸟。国外见于印度、斯里兰卡、缅甸及中南半岛。

西藏山南/李锦昌

绿鸠大量采食树木果实，是重要的种子传播者/西藏山南/李锦昌

# 针尾绿鸠
Pin-tailed Green Pigeon

保护级别：国家 II 级　　体长：30厘米　　居留类型：留鸟

特征描述：中等体型的绿鸠。具有修长的灰蓝色针形中央尾羽。雄鸟通体绿色，胸淡沾橘黄色，尾下覆羽黄褐色。雌鸟胸浅绿色，尾下覆羽白色并具深色纵纹。

虹膜红色；喙灰蓝色；脚绯红色。

生态习性：栖息于海拔600－1800米的山地常绿林中。常结小群取食。

分布：中国罕见于云南西部至南部、四川西南部和西藏东南部。国外分布于喜马拉雅山脉至东南亚。

由于生活海拔较其他绿鸠高，针尾绿鸠生活的林地尚有大片遗留。在中国，还可以见到大群的针尾绿鸠/云南那邦/沈越

云南那邦/沈越

冬季清晨，夜宿在高枝上的针尾绿鸠尚未完全苏醒/云南瑞丽/董磊

0607

# 楔尾绿鸠
Wedge-tailed Green Pigeon

保护级别：国家Ⅱ级
体长：33厘米
居留类型：留鸟

　　**特征描述：**中等体型的绿鸠。雄鸟头绿色，头顶和胸部橙黄色，上背紫灰色，翼覆羽及上背紫栗色，其余翼羽及尾深绿色，大覆羽及飞羽羽缘略带黄色，臀淡黄色具深绿色纵纹，两胁边缘略染黄色，尾下覆羽棕黄色。雌鸟通体绿色，尾下覆羽及臀浅黄具大块深色斑。

　　虹膜浅蓝色或红色；喙基部青绿色，尖端米黄色；脚红色。

　　**生态习性：**栖息于海拔1400－3000米的山区原生阔叶林中，喜壳斗科和樟科植物，不甚畏人。

　　**分布：**中国罕见于四川南部、西藏南部至云南。国外见于喜马拉雅山脉、苏门答腊、爪哇及龙目岛。

雌鸟/西藏樟木/董磊

雄鸟/西藏樟木/董磊

# 红翅绿鸠
## White-bellied Green Pigeon

雄鸟/台湾/张永

保护级别：国家Ⅱ级
体长：33厘米
居留类型：留鸟、旅鸟、夏候鸟

特征描述：中等体型的绿鸠。腹部近白色，腹部两侧及尾下覆羽具灰色斑。雄鸟翼覆羽绛紫色，上背偏灰色，头顶橘黄色。雌鸟通体绿色，眼周裸皮偏蓝色。

虹膜红色；喙偏蓝色；脚红色。

生态习性：栖于原生常绿林和天然次生林中；群栖，飞行极快。

分布：中国见于陕西南部秦岭及四川东部、江苏、福建、广东、广西、台湾岛及海南岛，偶有记录见于河北。国外见于日本和东南亚东北部。

红翅绿鸠腹部至尾下颜色较其他绿鸠浅/雄鸟/贵州遵义/肖克坚

0609

# 红顶绿鸠
Whistling Green Pigeon

保护级别：IUCN：近危
体长：33厘米
居留类型：留鸟

　　特征描述：中等体型的绿鸠。
肩斑褐色，臀及尾下覆羽具绿色
及白色鳞状斑。雄鸟胸绿色，喉
黄色，顶冠橘黄色，与楔尾绿鸠
区别在于上背灰绿色，尾部斑纹
不同，眼周裸皮蓝色。
　　虹膜红色；喙蓝色；脚红色。
　　生态习性：栖于热带低地常绿
林中。
　　分布：中国分布于台湾岛南部
及兰屿岛。国外见于琉球群岛及
菲律宾。

雌鸟/台湾/李锦昌

雄鸟/台湾/李锦昌

雄鸟在收集巢材。所有鸠鸽的巢都甚为简陋/台湾/吴崇汉

雄鸟/台湾/吴崇汉

# 绿皇鸠

Green Imperial Pigeon

保护级别：国家 II 级　　体长：43厘米　　居留类型：留鸟

特征描述：大型鸠类。头、颈及下体浅粉灰色，尾下覆羽栗色，上体深绿色并具亮铜色。
虹膜红褐色；喙蓝灰色；脚深红色。
生态习性：低地常绿林中罕见的留鸟。喜栖息于低地热带雨林中，炫耀飞行时垂直上升至最高点后俯冲而下，然后平飞。
分布：中国分布于云南南部、广东和海南岛。国外见于印度至菲律宾、大巽他群岛及苏拉威西。

由于热带低地森林被大面积开发，绿皇鸠已经越来越罕见/海南/吴崇汉

# 山皇鸠
Mountain Imperial Pigeon

保护级别：国家II级　　体长：46厘米　　居留类型：留鸟

　　特征描述：大型鸠类。头、颈、胸灰色，腹部灰色沾棕红色调，颏及喉白色，上背及翼覆羽深紫色，背及腰深灰褐色，尾黑褐色，具宽大的浅灰色端带，尾下覆羽皮黄色。
　　虹膜白、灰或红色；喙绯红色，喙端白色；脚绯红色。
　　生态习性：栖息于成熟阔叶林，也会到低海拔地带觅食。
　　分布：中国常见于西藏东南部，云南西南部、南部以及海南岛海拔400－2300米的山地森林中。国外见于印度、婆罗洲、苏门答腊及爪哇西部。

幼鸟/海南/张永

由于海拔较高，尚有一些山皇鸠的栖息地得以幸免开发/云南瑞丽/董磊

幼鸟/海南/张永

# 亚历山大鹦鹉
Alexanderine Parakeet

保护级别：国家II级　　体长：58厘米　　居留类型：留鸟

　　特征描述：大型绿色鹦鹉。头显得方而大，通体绿色，具红色肩斑是区别于外形相近的红领绿鹦鹉的主要特征。雄鸟头绿色，枕偏蓝色，狭窄的黑色颊纹延至颈侧宽阔的粉色领圈之上。雌鸟整个头均为绿色，尾长，蓝色而尾端黄色。
　　虹膜黄色；喙红色，蜡膜蓝色；脚肉色。
　　生态习性：栖息于热带各类有树环境中，喜开阔有树生境。成对或结小群活动，在夜栖地和食物资源富集处常集成大群，飞行中常发出尖叫声。
　　分布：中国有记录见于云南西部，引种至香港。国外见于阿富汗、南亚至东南亚。

单只或小群的亚历山大鹦鹉时常见于云南西部各地/云南/田穗兴

# 红领绿鹦鹉
Rose-ringed Parakeet

保护级别：国家Ⅱ级
体长：38厘米
居留类型：留鸟

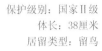

特征描述：绿色中型鹦鹉。尾长，头显得圆而较小，喙红色；雄鸟头绿色，枕偏蓝色，狭窄的黑色颊纹延至颈侧狭窄的粉色领圈之上。雌鸟整个头均为绿色，通体绿色，尾蓝色而端黄色。

虹膜黄色；喙红色，蜡膜蓝色；脚肉色。

生态习性：栖息于热带季雨林或雨林边缘，喜开阔有树生境。单独、成对或结小群活动，飞行中常发出尖叫。

分布：中国有记录见于云南极西部，引种至香港，也见于澳门。国外见于非洲东部、印度至东南亚。

"亲吻"相互相梳理羽毛是鹦鹉配偶间重要的感情沟通方式/香港/山秘兴

鹦鹉需要树洞筑巢，红领绿鹦鹉已在港、澳、台地区建立了野化群体/雌鸟（左）雄鸟（右）/广东广州/吴崇汉

# 青头鹦鹉
Slaty-headed Parakeet

保护级别：国家II级　　体长：35厘米　　居留类型：季候鸟

特征描述：中型绿色鹦鹉。外形甚似灰头鹦鹉，体型小，仅头部颜色较浅而喙较小。

生态习性：似灰头鹦鹉，具有垂直迁徙习性。

分布：中国偶见。国外分布于喜马拉雅山南坡。

雄鸟/西藏樟木/董江天

# 灰头鹦鹉
## Grey-headed Parakeet

保护级别：国家Ⅱ级　　体长：58厘米　　居留类型：留鸟

特征描述：中型绿色鹦鹉。头呈青灰色，喉黑色，具特征性栗色肩斑，尾羽延长而端黄色，与外形近似的花头鹦鹉相比，喉黑色而头部灰色更深。

虹膜黄色；喙上颚朱红色，喙尖黄色，下颚黄色；脚灰色或肉色。

生态习性：栖息于亚热带山地阔叶林中，分布至海拔2700米。结小群活动，有时至山区农田觅食谷物。

分布：中国为西藏东南部、云南及四川西南部的留鸟。国外见于喜马拉雅山脉东部至东南亚。

云南/田穗兴

# 大紫胸鹦鹉
Derbyan Parakeet

保护级别：国家II级　　IUCN：近危
体长：43厘米
居留类型：留鸟

　　特征描述：大型鹦鹉。头显得圆而大，胸部为紫色。雄鸟眼周及额淡绿色，前顶冠染蓝色。雌鸟前顶冠颜色比雄鸟暗淡，头、胸紫蓝灰色，具宽的黑色髭纹，狭窄的黑色额带延伸成眼线，尾长，中央尾羽渐变为偏蓝色，与其他头部灰色的鹦鹉区别在于颈、胸的上部至上腹部为葡萄紫色，肩部无栗色斑。

　　虹膜黄色；雄鸟上喙红色、下喙黑色，雌鸟喙全黑色；脚灰色。

　　生态习性：多在针叶林中取食，可上至海拔4000米。偶尔造访农田和果园。结群快速飞翔、觅食，甚至繁殖。由于幼鸟常被捕捉贩卖，在局部地区濒危。

　　分布：中国常见于西藏东南部、四川西南部、云南西部及西北部。国外分布于印度东北部。

雄鸟/西藏/张永

在拉萨城区的罗布林卡公园里，生活着一群野化的大紫胸鹦鹉/雌鸟/西藏/张永

人紫胸鹦鹉是中国分布海拔最高的鹦鹉，可上至针叶林线活动，在得到保护的地方尚有令人叹为观止的鸟群存在/云南德钦/董磊

雄鸟/西藏/张永

# 绯胸鹦鹉

Red-breasted Parakeet

保护级别：国家II级　　IUCN：近危
体长：34厘米
居留类型：留鸟

　　特征描述：色彩鲜艳的中型鹦鹉。尾长，头略显方形。成鸟头顶及脸颊紫灰色，眼先黑色，枕、背、两翼及尾绿色，具显著黑色髭须，胸灰色而染粉红色，腿及臀浅绿色。亚成鸟头黄褐色，黑色髭须不明显。

　　虹膜黄色；雄鸟上喙红色而下喙黑色，雌鸟喙黑褐色；脚灰色。

　　生态习性：喜在有林的开阔地活动，具有群栖性，常结成大群快速飞翔、结群觅食乃至繁殖。在树上停下进食或休息之前，两翼作喀哒响，也常发出刺耳叫声。

　　分布：中国见于西藏东南部、云南南部、广西西南部、广东及海南岛，在云南西南部的局部地区较为常见。国外分布于印度、东南亚。

云南/杨华

雌鸟/云南那邦/沈越

如此巨大的绯胸鹦鹉群如今仅能见于云南个别地点/云南/杨华

在停歇时，鸟花大量时间梳理羽毛/云南那邦/沈越

# 褐翅鸦鹃

Greater Coucal

保护级别：国家II级
体长：52厘米
居留类型：留鸟

　　特征描述：红棕色及黑色鸟类。体型大而粗壮，尾较长。成鸟体羽全黑色而具光泽，仅上背、翼及翼覆羽为栗红色。幼鸟体羽黑灰色，缺少光泽，翼上密布黑色横纹。

　　虹膜红色；喙黑色；脚黑色。

　　生态习性：喜栖息于热区低地林缘地带、次生灌木丛、多芦苇河岸及红树林中，上至海拔800米。常在地面走动，也在灌丛及树木间跳动。

　　分布：中国常见于华南。国外见于印度至大巽他群岛及菲律宾。

成鸟/福建福州/张浩

褐翅鸦鹃多在地面活动，时常从草木繁盛的隐蔽处走到开阔处活动/成鸟/福建永泰/郑建平

晾翅/成鸟/福建永泰/郑建平

# 小鸦鹃
Lesser Coucal

保护级别：国家 II 级
体长：42厘米
居留类型：留鸟

　　特征描述：棕色和黑色鸟类。体型略大，尾较长，成鸟似褐翅鸦鹃，但体型较小，也较少光泽，上背及两翼的栗色较浅且现黑色。亚成鸟体羽褐色，而具浅色羽轴，形成条纹，常见到处过渡羽色的个体。

　　虹膜红色；喙黑色；脚黑色。

　　生态习性：栖息于山边或近水的灌丛和高草地中，可至海拔1000米以上。常在地面活动，有时紧贴地面植被上方作短距离的飞行，并时常可见立于突出处，两翅半张开保持平衡。

　　分布：中国常见于华东、华中至华南、西南。国外分布于印度、菲律宾及印度尼西亚。

幼鸟/云南瑞丽/董磊

小鸦鹃比褐翅鸦鹃更常轻巧地立于枝头/江苏盐城/孙华金

成鸟/福建福州/张浩

幼鸟/江西南矶山/林剑声

# 绿嘴地鹃
Green-billed Malkoha

体长：55厘米
居留类型：留鸟

　　特征描述：尾特长的大型地鹃。眼周有红色裸皮，缘以白色羽毛，头至上背灰色，下体褐灰色，背、翼及尾深金属绿色，喉及胸具端浅色的箭状羽毛，远观似有条纹，尾羽端白色。

　　虹膜褐色；喙绿色；脚灰绿色。

　　生态习性：喜栖于有高树的原始林中，尤其是枝蔓和藤本植物纠结处，也选择稠密的次生林及人工林。常发出嘎嘎或呱呱的叫声，甚似蛙叫。

　　分布：中国分布于云南、广西南部、广东南部以及海南岛。国外见于喜马拉雅山脉、东南亚。

绿嘴地鹃实际更常悄无声息地在树冠中活动/海南/张明

隐秘的习性使得一睹绿嘴地鹃全貌的机会很少/云南那邦/沈越

# 红翅凤头鹃
Chestnut-winged Cuckoo

体长：45厘米　　居留类型：夏候鸟、旅鸟

**特征描述：** 具羽冠的大型棕色杜鹃。头顶及凤头黑色，背及尾长黑色并带金属光泽，翼栗色，喉及胸橙褐色，颈圈白色，腹部近白色。亚成鸟上体具棕色鳞状纹，喉及胸偏白色。

虹膜红褐色；喙黑色；脚黑色。

**生态习性：** 栖息于海拔1500米以下森林中，常在低矮植被丛中穿行并捕食大型昆虫。飞行时凤头收拢。

**分布：** 中国繁殖于华北、华东、华中、西南、华南、东南、西藏东南及海南岛，罕见于台湾岛。国外繁殖于南亚次大陆，迁徙至菲律宾及印度尼西亚。

福建永泰/郑建平

# 斑翅凤头鹃

Pied Cuckoo

体长：30厘米　居留类型：夏候鸟

特征描述：有羽冠大型杜鹃。似红翅凤头鹃，但黑色的尾较短而尾羽端具白色宽带，头、翼黑色，初级飞羽基部具白色横带，两翼合拢后形成白色翅斑。幼鸟色较暗淡，身体深褐色和皮黄色。
虹膜褐色；喙黑黄色；脚灰色。
生态习性：栖息于落叶林及开阔灌丛中，结小群活动。
分布：在中国非常罕见，仅在西藏南部有过记录。国外见于非洲至西亚直至印度和缅甸，越冬在非洲。

西藏/林月云

# 四声杜鹃
## Indian Cuckoo

体长：30厘米
居留类型：夏候鸟

　　**特征描述：**中等体型的偏灰色杜鹃。虹膜色暗而区别于形似的大杜鹃，头颈至上胸部灰色，背及翅深灰色并略染棕色，与头颈部形成对比，腹白色而具黑色横斑，横斑比大杜鹃的稍粗，尾灰色有横斑，并具醒目的黑色次端斑。雌鸟较雄鸟多褐色。亚成鸟头及上背部具黄白色鳞状斑纹。

　　虹膜红褐色，眼圈黄色；上喙灰黑色，下喙黄绿色；脚黄色。

　　**生态习性：**通常栖息于阔叶林树冠层。在求偶季节，常可见成鸟站在树冠顶部突出处鸣叫或边飞边叫，甚至做鹰状盘旋，具有巢寄生习性。在华北地区常产卵于灰喜鹊巢中，夏末可见灰喜鹊给其羽翼丰满的四声杜鹃幼鸟喂食。

　　**分布：**中国广泛分布于东北至西南和东南各地，在海南岛为留鸟。国外见于东亚、菲律宾、婆罗洲、苏门答腊并附近岛屿。

西藏山南/李锦昌

在华北地区，四声杜鹃是城市绿地中最常见的杜鹃，常立于树冠中上部/北京/沈越

# 噪鹃
Asian Koel

体长：42厘米
居留类型：留鸟、旅鸟、夏候鸟

特征描述：身形健壮的大型黑色杜
鹃。雄鸟全身黑色，雌鸟褐色而全身遍布
白色点斑。

虹膜红色；喙浅绿色；脚蓝灰色。

生态习性：性极隐蔽，常躲在稠密的
红树林、原始林、次生林及人工林中。常
闻其声而不见其形，在多种鸦科鸟类的巢
中寄生产卵。

分布：中国繁殖于华北以南地带，在
海南岛为留鸟。国外见于印度、东南亚。

雌鸟/河南董寨/沈越

雄鸟/台湾/林月云

同时观察到雄鸟（左）和雌鸟（右）的机会比较罕见/福建福州/田三龙

雌鸟/福建福州/田三龙

# 翠金鹃
Asian Emerald Cuckoo

体长：17厘米　居留类型：夏候鸟、旅鸟、留鸟

特征描述：小型杜鹃。身体绿色且具金属光泽，头大而尾短，站姿甚直。雄鸟头部、上体及胸亮绿色，腹部白色具墨绿色横条纹。雌鸟头顶及枕部棕色，上体铜绿色，下体白色具深黄色横斑。亚成鸟头棕色，顶具条纹。飞行时翼下飞羽根部具一白色宽带。
虹膜红褐色，裸露眼圈橙黄色；喙橙黄色而端黑色；脚黑色。
生态习性：栖息于原始森林及次生林中，常匿身于阔叶树顶。
分布：中国繁殖于四川南部、湖北及贵州，在西藏东南部、云南及海南岛为留鸟。国外繁殖于东南亚的北部，冬季南迁至马来半岛及苏门答腊。

翠金鹃常在树冠捕食飞虫/亚成鸟/广西大明山/林刚文

翠金鹃寄生比氏鹪莺巢/贵州宽阔水/杨灿朝

雌鸟/西藏山南/李锦昌

# 紫金鹃
## Violet Cuckoo

体长：16厘米
居留类型：留鸟

特征描述：小型杜鹃。身体紫罗兰色或铜绿色并带金属光泽。雄鸟头、胸及上体紫罗兰色，腹部白色具绛紫色横纹。雌鸟眉纹及脸颊白色，下体白色具古铜色条纹，头顶偏褐色，余部铜绿色。

虹膜红色；雄鸟喙黄色而喙基红色，雌鸟上颚黑色而喙基红色；脚灰色。

生态习性：喜林缘开阔生境，也选择人工林和次生林。性隐蔽，常匿身于高树树冠，鸣叫时会立于树顶。

分布：中国见于云南西部和南部以及西藏东南部地区。国外分布于大巽他群岛及菲律宾。

雄鸟/云南西双版纳/郭天成

亚成鸟/云南西双版纳/李锦昌

# 栗斑杜鹃
Banded Bay Cuckoo

体长：22厘米　　居留类型：夏候鸟

特征描述：小型的褐色杜鹃。成鸟上体浓褐色，下体偏白色，全身满布黑色横斑，具明显深色带从喙基过眼并延伸至耳后，具浅色眉纹。亚成鸟褐色，具黑色纵纹及模糊块斑。

虹膜黄红色；上喙偏黑色，下喙近黄色；脚灰绿色。

生态习性：喜林缘、林窗和耕地边缘等开阔有树生境，可常栖于高树的树冠上。

分布：中国罕见于川西南部及云南南部，可上至海拔1200米。国外见于印度、婆罗洲、苏门答腊及附近岛屿、爪哇和菲律宾。

成鸟/云南西双版纳/孙驰　　　　　　　　　　　　　　　　　　成鸟/云南西双版纳/沈越

成鸟/云南/张永

# 八声杜鹃
Plaintive Cuckoo

体长：21厘米
居留类型：夏候鸟、旅鸟、留鸟

亚成鸟/云南/杨华

特征描述：灰褐色或棕色小型杜鹃。成鸟头灰色，背及尾褐色，胸腹橙褐色。亚成鸟上体褐色并具黑色横斑，下体偏白色而多横斑，似栗斑杜鹃成鸟但无过眼的深色带。

虹膜绯红色；喙黑黄色；脚黄色。

生态习性：常见留鸟及季节性候鸟，上至海拔2000米。喜开阔林地、次生林及农耕区，包括城镇和村庄周围树丛，常匿身于树冠层。

分布：中国繁殖于西藏东南部、四川南部、云南、广西、广东、海南岛及福建，冬季亦见于云南南部和海南岛。国外见于印度东部至大巽他群岛、苏拉威西及菲律宾。

亚成鸟/云南西双版纳/李锦昌

0635

# 乌鹃

Fork-tailed Drongo-Cuckoo

体长：23厘米
居留类型：留鸟、旅鸟、夏候鸟

　　**特征描述**：中型黑色杜鹃。外形似卷尾但尾叉不明显，全身体羽亮黑色，仅腿白色，尾下覆羽及外侧尾羽腹面具白色横斑。幼鸟具不规则的白色点斑，尾羽开如卷尾。

　　雄鸟虹膜褐色，雌鸟黄色；喙黑色；脚蓝灰色。

　　**生态习性**：栖息于林中、林缘及次生灌丛中。性隐蔽，飞行扑翼快。

　　**分布**：中国繁殖于四川南部、云南、西藏东南部、贵州、广东及福建，在云南南部和海南岛越冬。国外分布于印度、印度尼西亚及菲律宾。

站姿胜似卷尾/广西西大明山/林刚文

尾下黑白色相间的横斑使其区别于一切卷尾/云南西双版纳/董磊

西藏墨脱/王昌大

广西弄岗/蒋爱伍

# 鹰鹃

Large Hawk-Cuckoo

体长：40厘米
居留类型：夏候鸟

　　特征描述：灰褐色大型杜鹃。外形似鹰，颏黑色，眼先和髭纹白色，胸具棕色带，具白色及灰色斑纹，腹部具白色及褐色横斑，尾羽端白色而次端斑棕红色，其余灰色，并有三至四道黑灰色宽横带。亚成鸟上体褐色带棕色横斑，下体皮黄色而具黑色纵纹，停歇时常呈蹲姿，喙端无钩而区别于鹰类。
　　虹膜橘黄色；上喙黑而下喙黄绿色；脚浅黄色。
　　生态习性：喜有高大树木的开阔林地，高至海拔1600米。常藏身于树冠，易闻其声而难见其形。
　　分布：中国见于西藏南部、华中、华东、东南、西南和海南岛，偶见于河北及台湾岛。国外留居于喜马拉雅山脉、菲律宾、婆罗洲及苏门答腊，冬季见于苏拉威西及爪哇。

鹰鹃飞行似鹰，但翅更短圆，喙显长而无钩/福建永泰/郑建平

成鸟/云南腾冲/沈越

台湾/林月云

江苏如东/Craig Brelsford大山雀

# 霍氏鹰鹃

Hogdson's Hawk Cuckoo

体长：略小于28厘米　　居留类型：夏候鸟

　　特征描述：中等体型的青灰色杜鹃。头侧灰色，无髭纹（幼鸟除外），枕部无白色条带，颏黑色而喉偏白色。雄鸟胸棕色并具白色纵纹，腹白色。雌鸟胸腹白色而具黑灰色纵纹，尾羽有黑褐色横斑，比更常见的鹰鹃明显体小。

　　虹膜红色或黄色；喙黑色，基部及喙端黄色；脚黄色。

　　生态习性：栖息于各类阔叶林中。

　　分布：中国繁殖于南方地区。国外在泰国南部和马来半岛为留鸟。

亚成鸟/江苏如东/薄顺奇

幼鸟/西藏/张明

# 北鹰鹃
Northern Hawk-Cuckoo

体长：28厘米　居留类型：夏候鸟

特征描述：中等体型的青灰色杜鹃。头侧灰色，无髭纹(幼鸟除外)，枕部具白色条带，颏黑色而喉偏白色。雄鸟胸部棕色，无白色纵纹，腹白色，以此区别于霍氏鹰鹃的雄鸟。雌鸟胸腹白色并具黑灰色纵纹，尾羽有黑褐色横斑，整个尾羽缘以棕色狭边，区别于霍氏鹰鹃，比更常见的鹰鹃体型明显小，与霍氏鹰鹃叫声有异。

虹膜红色或黄色；喙黄黑色；脚黄色。

生态习性：繁殖于北方落叶林中，越冬于南方常绿林中。

分布：中国在东北繁殖，部分在华南一带越冬。国外繁殖于西伯利亚东南部、朝鲜半岛、日本，在东南亚的南部越冬。

雄鸟/江苏如东/薄顺奇

# 小杜鹃

Asian Lesser Cuckoo

体长：26厘米
居留类型：夏候鸟

　　特征描述：体型较小的灰色杜鹃。眼圈黄色，头、颈及上胸部浅灰色，上体灰色，下胸及腹部白色，具清晰的黑色横斑，臀部皮黄色，尾羽灰色，无横斑，端缘有白色窄边。雌鸟似大杜鹃的棕色型雌鸟，全身具黑色条纹，但体型较小，且叫声有异。

　　虹膜褐色；喙黄色而端黑色；脚黄色。

　　生态习性：在喜马拉雅山脉见于海拔1500−3000米地带，在北方于海拔较低的地区活动，栖息于多森林覆盖的郊野。

　　分布：中国见于吉林南部、辽宁、河北至四川、西藏南部、云南、广西、海南岛及东部省份。国外繁殖范围包括印度、喜马拉雅山脉至日本，越冬在非洲、印度南部及缅甸。

成鸟/四川老君山自然保护区/戴波

成鸟/西藏亚东/董磊

成鸟/云南迪庆/李锦昌

四川老君山自然保护区/戴波

# 中杜鹃

Himalayan Cuckoo

体长：26厘米
居留类型：夏候鸟

　　**特征描述**：体型略小的灰色杜鹃。腹部及两胁多具宽的横斑，灰色型成鸟头颈至胸部及上体灰色，尾黑灰色而无斑，下体皮黄色具黑色横斑。亚成鸟及棕色型雌鸟上体棕褐色且密布黑色横斑，下体近白色具黑色横斑直至颏部，与大杜鹃和四声杜鹃的区别在于胸部横斑较粗、较宽，鸣声有异。棕色型雌鸟腰部具横斑，依此区别于棕色型大杜鹃。

　　虹膜红褐色，眼圈黄色；喙角质色；脚橘黄色。

　　**生态习性**：常见于海拔 1200－2700 米的山地森林中，喜匿身于山地森林的树冠上。

　　**分布**：中国分布于东北、华北、西北直至西南、华东和台湾岛。国外繁殖于欧亚大陆北部及喜马拉雅山脉，冬季至东南亚。

成鸟/福建闽侯/白文胜

成鸟/台湾/吴崇汉

# 北方中杜鹃
Oriental Cuckoo

体长：26厘米
居留类型：夏候鸟

　　特征描述：体型略小的灰色杜鹃。腹部及两胁多具宽的横斑，灰色型成鸟的头颈至胸部及上体灰色，尾纯黑灰色而无斑，下体皮黄色具黑色横斑。亚成鸟及棕色型雌鸟的上体棕褐色且密布黑色横斑，下体近白色，具黑色横斑直至颏部，与大杜鹃和四声杜鹃的区别在于胸部横斑较粗、较宽，鸣声有异。棕色型雌鸟腰部具横斑，以此区别于棕色型大杜鹃。

　　虹膜红褐色，眼圈黄色；喙角质色；脚橘黄色。

　　生态习性：常见繁殖于海拔1300－2700米的山地森林中，喜匿身于山地森林的树冠上。

　　分布：中国分布区从东北、西北直至华东和台湾岛。国外繁殖于欧亚大陆北部，冬季至东南亚。

中杜鹃依靠白鹡鸰喂养/新疆阿尔泰山/马鸣

成鸟/黑龙江/张永

# 大杜鹃
Common Cuckoo

体长：32厘米　　居留类型：夏候鸟

　　特征描述：中等体型的灰色或棕色杜鹃。虹膜黄色，以此区别于四声杜鹃。头颈至前胸、上体灰色，尾黑色具模糊横纹而无次端斑，腹部近白色而具黑色横斑，横斑较其他类似杜鹃细。棕色型雌鸟头颈至前胸、上体、尾羽棕色，背部具黑色横斑，腹白色而具黑色横斑，与雌性中杜鹃区别于腰无横斑。幼鸟枕部有白色块斑。

　　虹膜及眼圈黄色；上喙深色，下喙黄色；脚黄色。

　　生态习性：生活在多种环境中，喜开阔有林地及大片芦苇地，也可见于草原和半荒漠地区。繁殖季节成鸟常在电线、篱笆或者树枝等突出位置持续鸣叫或停留，在苇莺、鹛类、鹊鸲甚至伯劳、鸦类巢中寄生产卵。

　　分布：中国常见的夏候鸟，分布于大多数省区，包括东北、西北、华北、华中、西南、华南以及青藏高原的东缘和南缘。国外繁殖于欧亚大陆温带及亚热带地区，迁徙至非洲及东南亚。

棕色型雌鸟/新疆石河子/沈越

成鸟/西藏/张明

棕色型雌鸟/新疆/郑建平

东方大苇莺在给大杜鹃幼鸟喂食/辽宁/张明

杜鹃主食各种大型鳞翅目昆虫幼虫，因其有毒而难以处理，杜鹃以外的鸟类甚少问津/西藏/张永

成鸟/新疆/郑建平

棕色型雌鸟腰部无斑，因而区别于其他形似的棕色型杜鹃雌鸟/新疆/张永

# 仓鸮

Barn Owl

保护级别：国家II级
体长：34厘米
居留类型：留鸟

　　特征描述：大型猫头鹰。头大而脸平，最大特点是面盘白色呈心形，上体棕黄色而多具纹理，翼覆羽端有白色点，白色的下体密布黑色点，整体色彩有变异。亚成鸟皮黄色较深。

　　虹膜深褐色；喙污黄色；脚污黄色。

　　生态习性：白天藏于悬崖等处的黑暗洞穴或稠密植被中，夜间在开阔地面上空低飞觅食，营巢于树洞或建筑物中。

　　分布：中国分布于云南南部低地。国外见于美洲、西古北界、非洲、中东、印度次大陆、东南亚、新几内亚及澳大利亚。

成鸟/云南西双版纳/肖克坚

成鸟/云南/吴崇汉

在繁殖季节，猫头鹰配偶一齐抚养后代/云南西双版纳/罗爱东

成鸟/云南西双版纳/肖克坚

# 草鸮
Eastern Grass Owl

保护级别：国家II级 体长：35厘米 居留类型：留鸟、旅鸟、冬候鸟

特征描述：中型鸮类。头圆而脸平，特征性的白色面盘而呈心形，似仓鸮，全身多具点斑、杂斑或蠕虫状细纹，但脸及胸部的皮黄色甚深，上体深褐色。
虹膜褐色；喙米黄色；脚略白。
生态习性：栖息于开阔的高草地上，常在地面营巢，习性不同于仓鸮。
分布：中国见于云南东南部、贵州、广西、广东、福建、香港，北至安徽，在台湾岛南部为留鸟。国外分布于印度次大陆、日本、东南亚、新几内亚直至澳大利亚。

这是一只绒毛尚未褪尽的幼鸟，可能是被救助的个体/海南/陈久桐

草鸮幼鸟通常在地面高草浓密处栖身/海南/陈久桐

海南/陈久桐

# 栗鸮
Oriental Bay Owl

保护级别：国家II级
体长：27厘米
居留类型：留鸟

　　特征描述：中型红褐色鸮类。头大而尾短，其心形面盘与仓鸮甚似，紧张或兴奋时"耳朵"竖起，上体红褐色而具黑白色点斑，下体皮黄色偏粉色并具黑色点，脸近粉色。
　　虹膜深色；喙褐色；脚污褐色。
　　生态习性：夜行性森林鸮类，栖息于郁闭度较大的山地原生阔叶林中。
　　分布：中国分布于云南南部、广西西南部及海南岛。国外见于印度次大陆至东南亚。

栗鸮常隐身于湿润的山地原始阔叶林中/海南/陈久桐

"耳朵"竖起、身体挺立表明这只栗鸮正处于紧张状态/海南/陈久桐

# 黄嘴角鸮

Mountain Scops Owl

保护级别：国家II级　　体长：18厘米　　居留类型：留鸟

特征描述：黄褐色的小型角鸮。眼黄色，喙黄色，全身无明显纵纹或横斑，仅肩部具一排硕大的三角形白色点斑。
虹膜绿黄色；喙米黄色；脚淡灰白色。
生态习性：栖息于海拔1000－2500米潮湿的原生热带山林中，白天静立于近树干的栖息处，夜间觅食。受惊时耳羽竖起，全年可发出轻柔、悠远的双音节金属嗯哨声"plew-plew"。
分布：中国见于云南西南至东南地区、台湾岛及海南岛。国外见于喜马拉雅山脉、印度次大陆的东北部、苏门答腊及北婆罗洲。

猫头鹰幼鸟出巢时，往往绒毛尚未褪尽，飞行能力也很弱/广东从化/薄顺奇

成鸟/广东从化/薄顺奇

幼鸟/广东从化/薄顺奇

# 领角鸮
Collared Scops Owl

保护级别：国家II级　　体长：24厘米　　居留类型：留鸟

　　**特征描述**：身体偏灰色或染褐色的角鸮。体型略大。虹膜色深，具浅沙色的颈圈，以此区别于其他角鸮，上体偏灰色或沙褐色，并具黑色与皮黄色杂纹或斑块，下体灰色，有细密底纹和黑色纵纹。
　　虹膜深褐色；喙黄色；脚污黄色。
　　**生态习性**：生活在多种环境中，喜开阔林地或林缘，甚至在城市林荫道或花园中繁殖。白天隐匿，夜晚活跃，多从低处的栖枝扑至地面捕食。繁殖季节鸣叫声频繁。
　　**分布**：中国繁殖于西南、华南地区，海南岛及台湾岛。国外见于印度次大陆、中南半岛、大巽他群岛及菲律宾。

成鸟/福建福州/张浩

幼鸟/台湾/林月云

成鸟/云南西双版纳/沈越

领角鸮在树洞中营巢，是中国华南地区城市绿地中最常见的猫头鹰/福建永泰/郑建平

亲鸟（左）给刚出窝的幼鸟（右）喂食直翅目昆虫/福建永泰/郑建平

# 纵纹角鸮

Pallid Scops Owl

保护级别：国家II级　　体长：21厘米　　居留类型：夏候鸟

特征描述：浅沙灰色小型角鸮。眼黄色，似灰色型西方角鸮，但上体沙灰色较淡，顶冠或后颈无白色点，下体灰色略重，并具清晰的黑色稀疏条纹。幼鸟下体遍布横斑。
虹膜黄色；喙近黑色；脚灰色。
生态习性：同其他角鸮。栖于干旱或半干旱地区的绿洲地带。
分布：中国新疆西部的昆仑山脉及喀什地区有过记录。国外分布于中东至巴基斯坦，越冬于印度西北部及西部。

成鸟/新疆莎车/丁进清

成鸟/新疆喀什/丁进清

成鸟/新疆喀什/丁进清

# 西红角鸮
Eurasian Scops Owl

保护级别：国家II级　　体长：20厘米　　居留类型：夏候鸟

特征描述：身体棕红色或灰色的小型角鸮。眼黄色，体羽多纵纹，有棕色型和灰色型之分，形似红角鸮而体色普遍稍浅，叫声有异，两者分布无重叠。

虹膜黄色；喙角质色；脚褐灰色。

生态习性：同其他角鸮。喜栖息于有树丛的开阔原野上。

分布：中国繁殖于新疆西部的天山及喀什地区。国外分布于古北界西部至中东和中亚。

新疆布尔津/沈越

# 红角鸮

Oriental Scops Owl

保护级别：国家 II 级
体长：19厘米
居留类型：夏候鸟、旅鸟

　　特征描述：全身灰褐色的小型角鸮。眼黄色，区别于领角鸮的深色，胸部布满黑色条纹，区别于黄嘴角鸮，另外较纵纹角鸮色深而体型较小，条纹下体多而上体少，分布区也几乎重叠，有灰色型和棕色型之分。

　　虹膜橙黄色；喙角质灰色；脚偏灰色。

　　生态习性：喜欢栖息于低地开阔林区，包括园林绿地。白天藏身于针叶树丛中静止不动，受惊吓时身体挺直而耳羽簇竖立。夜晚在林缘、林中空地以及次生植丛的小矮树上捕获食物。

　　分布：中国夏季常见于东北、华北、华东至长江以南，也见于西藏东南部至西南部，华南，偶见于台湾岛。国外繁殖于喜马拉雅山脉、印度次大陆、东亚、日本、东南亚，北部群体南下越冬。

棕色型成鸟/福建福州/郑建平

棕色型成鸟/北京/沈越

中间色型成鸟/福建福州/白文胜

中间色型成鸟/北京/沈越

# 琉球角鸮
Elegant Scops Owl

保护级别：国家II级　　IUCN：近危
体长：22厘米
居留类型：留鸟

　　特征描述：棕褐色的小型角鸮。眼黄色，头顶无深黑色条纹，区别于红角鸮，无领圈，区别于领角鸮，体羽上白色点斑杂乱。

　　虹膜黄色；喙深灰色；脚灰色，腿具斑纹。

　　生态习性：栖息于亚热带低地森林中。叫声为沙哑咳声uhu或kuru。

　　分布：中国见于台湾岛东南部的兰屿岛。国外分布于琉球群岛的南部湾。

成鸟/台湾/林月云

成鸟/台湾/林月云

已出巢一段时间的幼鸟/台湾/林月云

成鸟/台湾/孙驰

# 雪鸮
Snowy Owl

保护级别：国家II级
体长：61厘米
居留类型：冬候鸟

特征描述：体型硕大的白色鸮类。无耳羽簇，眼黄色，头顶、背、两翼及下胸羽尖黑色，使体羽满布黑色点。

虹膜黄色；喙灰色；脚黄色。

生态习性：具一定昼行性，在开阔无树地带捕食田鼠和鼠兔。白天可见静立于突出岩石或土堆上。

分布：中国见于东北和西北地区，近年在满洲里多次被记录。国外分布于全北界的北部。

雌鸟/内蒙古/张明

宽大多毛的垫状脚爪使其可立于雪上而不易下陷/雄鸟/内蒙古/张明

雄鸟/内蒙古/张明

雄鸟/内蒙古/陈久桐

雌鸟/内蒙古/张明

# 雕鸮
Eurasian Eagle-Owl

保护级别：国家II级
体长：69厘米
居留类型：留鸟、旅鸟、夏候鸟

　　特征描述：大型鸮类。耳簇羽长，眼橘黄色，大而圆，额至前胸污白色而少纹，胸部黄色，多具深褐色纵纹且每片羽毛均具褐色横斑，体羽褐色斑驳，脚被羽直至趾。

　　虹膜橙黄色；喙灰色；脚黄色。

　　生态习性：繁殖季节多栖于有林山区，营巢于崖壁凹处或洞穴内。飞行迅速，振翅幅度大。冬季也出现在开阔原野甚至城市园林中。

　　分布：中国分布于多数省区。国外广布于古北界、中东至印度次大陆。

雕鸮多在峭壁的凹处营巢/河北北戴河/张明

成鸟/河北北戴河/张明

成鸟/新疆阿勒泰/张国强

# 黄腿渔鸮
Tawny Fish Owl

保护级别：国家II级　　体长：61厘米　　居留类型：留鸟

特征描述：棕黄色大型渔鸮。具耳羽簇，眼黄色，喉部蓬松的白色羽毛形成喉斑，上体棕黄色，具醒目的深褐色纵纹，下体浅黄棕色，较少纵纹，眼黄色，脚不被羽而区别于雕鸮，体色较黄而上体纵纹更重可区别于褐渔鸮。
虹膜黄色；喙角质黑色，蜡膜黄绿色；脚偏灰色。
生态习性：栖息于山区茂密森林的溪流河畔，在大片原生林中活动。
分布：中国分布于甘肃西南部、陕西南部、四川、贵州、安徽、江苏、浙江、广东直至台湾岛。国外见于喜马拉雅山脉至中南半岛。

成鸟/陕西/宋晔

成鸟/四川小河沟自然保护区/张铭

成鸟/四川小河沟自然保护区/张铭

黄腿渔鸮常在水面上方的树枝栖息/成鸟/四川小河沟自然保护区/张铭

# 褐林鸮
Brown Wood Owl

保护级别：国家II级
体长：50厘米
居留类型：留鸟

　　特征描述：全身满布红褐色横斑的大型鸮类。眼极大，眼周均为深褐色，无耳羽簇，眉白色，面盘分明，下体皮黄色具深褐色的细横纹，胸染巧克力色，上体深褐色，皮黄色及白色横斑浓重。
　　虹膜深褐色；喙偏白色；脚蓝灰色。
　　生态习性：栖息于南方低山亚热带原生林中。夜行性隐蔽。白天遭打扰时体羽缩紧静立，拟态如朽木，眼睁开，常成对活动。
　　分布：中国见于南方地区，包括海南岛和台湾岛。国外见于印度次大陆至东南亚。

幼鸟/江西婺源/林剑声

成鸟/江西婺源/林剑声

幼鸟/江西婺源/林剑声

# 灰林鸮

Himalayan Owl

保护级别：国家II级
体长：43厘米
居留类型：留鸟、夏候鸟

特征描述：中等体型的偏褐色鸮类。无耳羽簇，通体具浓褐色的杂斑及纵纹，也有偏灰色个体，上体肩部有白色斑。

虹膜深褐色；喙黄色；脚黄色。

生态习性：生活于低山至中山的各类林地中，有时还在城市绿地活动。夜行性，白天通常在隐蔽的地方休息，晚上外出捕食，在树洞营巢。

分布：中国常见于西藏南部和东南部以及华南和华中大部地区，少量见于河北、山东，在台湾岛为留鸟。国外见于喜马拉雅山地区。

在北京，灰林鸮仅见繁殖于山区/北京百望山/韩冬

成鸟/甘肃/高川

# 长尾林鸮
Ural Owl

保护级别：国家II级　　体长：54厘米　　居留类型：留鸟

特征描述：灰褐色大型鸮类。眼暗色，眉偏白色，面盘宽而呈灰色，下体灰白色，具深褐色粗大但稀疏的纵纹，两胁横纹不明显，上体褐色具近黑色纵纹和棕红色与白色的斑点，两翼及尾具横斑，较灰林鸮体型大，又比乌林鸮小。

虹膜褐色；喙橘黄色；脚被羽。

生态习性：同其他林鸮，栖于北方针叶林中。

分布：中国分布于东北的大兴安岭、小兴安岭、吉林、辽宁的长白山及北京西部山区。国外见于古北界及日本。

黑龙江/张岩

成鸟/黑龙江/张岩

成鸟/黑龙江/张岩

# 乌林鸮
Great Grey Owl

保护级别：国家 II 级
体长：65厘米
居留类型：留鸟

　　特征描述：灰色的大型鸮类。无耳羽簇，眼鲜黄色，眼间有对称的"C"形白色纹饰，面盘具独特深浅色同心圆，眼周至喉中部黑色，似蓄有胡须，两旁白色的领线平延成面盘的底线，通体羽色浅灰，上、下体均具浓重的深褐色纵纹，两翼及尾具灰色及深褐色横斑，体型大于同域分布的所有林鸮。
　　虹膜黄色；喙黄色；脚橘黄色。
　　生态习性：栖息于针叶林、混交林或落叶林中，部分昼行性。繁殖季节对人具有攻击性。
　　分布：中国位于其分布区边缘，见于大兴安岭和小兴安岭。国外见于古北界极北部和新北界西部。

成鸟/内蒙古/张明

成鸟/内蒙古/张建国

乌林鸮是少有的自己搭建鸟巢的猫头鹰/内蒙古/白文胜

双翼下垂，意味着这只乌林鸮可能刚刚捕到猎物，需要遮蔽/内蒙古/张永

# 猛鸮
Northern Hawk-Owl

保护级别：国家II级
体长：38厘米
居留类型：留鸟

　　**特征描述**：中等体型的褐色鸮类。脸部具深褐色与白色纵横，额羽蓬松具细小斑点，两眼间白色，旁具深褐色的宽阔弧形纹饰，转而成白色弧型和宽大黑色斑至颈侧，颏深褐色，下接白色胸环，上、下胸偏白色，具褐色细密横纹，上体棕褐色，具大的近白色点斑，尾长而头圆，两翼及尾多横斑。

　　虹膜黄色；喙偏黄色；脚浅色被羽。

　　**生态习性**：栖于针叶林、混交林、白桦林及落叶松灌丛中。昼行性，从栖处飞速俯冲而下捕食，常立于开阔地中的突出高处，飞行时扑翅快而幅度大，似雀鹰。

　　**分布**：中国位于其分布区边缘，繁殖于新疆西北部天山，在内蒙古东北部和邻近的黑龙江省部分地区有越冬记录。国外见于全北界地带。

黑龙江/张永

黑龙江/张明

内蒙古/陈久桐

黑龙江/张明

# 领鸺鹠
Collared Owlet

保护级别：国家II级　　体长：16厘米　　居留类型：留鸟

特征描述：小型猫头鹰。形圆而多横斑，无耳羽簇，眼黄色，颈圈浅色，头顶灰色，具白色或皮黄色的小型"眼状斑"，颈背有一对中间黑色而以棕白色为边缘的假眼，上体浅褐色而具橙黄色横斑，喉白色而有褐色横斑，胸及腹部皮黄色，具黑色横斑，腿及臀白色并有褐色纵纹。

虹膜黄色；喙角质色；脚灰色。

生态习性：生活在海拔800－3500米间的各类森林中，昼夜栖于高树上，夜行性，由凸显的栖木上出猎捕食，飞行时振翼极快。繁殖季节白天也外出捕食。

分布：中国常见于西藏东南部、华中、华东、西南、华南、东南以及海南岛、台湾岛。国外见于喜马拉雅山脉至苏门答腊及婆罗洲。

成鸟/江西婺源/林剑声

成鸟/云南/宋晔

初出茅庐的幼鸟/福建永泰/蔡卫和

枕部的假眼隐约可见/四川绵阳/王昌大

枕部的假眼一览无遗/江西婺源/林剑声

# 斑头鸺鹠
Asian Barred Owlet

保护级别：国家II级
体长：24厘米
居留类型：留鸟、夏候鸟

　　特征描述：具有棕褐色横斑的小型鸮类。无耳羽簇，白色的颏纹明显，上体棕栗色而具赭色横斑，沿肩部有一道白色线条，下体几乎全褐色，具赭色横斑，两胁栗色，臀下白色。

　　虹膜黄褐色；喙偏绿色而端黄色；脚绿黄色。

　　生态习性：栖息于原始林及次生林中，也见于庭园和农田间的小片树林中。主要为夜行性，有时白天也活动，多在夜间和清晨发出叫声。

　　分布：中国见于西藏东南部、云南、华中、华南、东南包括海南岛，偶见于山东和北京。国外见于喜马拉雅山脉、印度东北部至东南亚。

陕西洋县/郭天成

斑头鸺鹠是云南中低海拔地区最常见的猫头鹰之一/云南西双版纳/沈越

陕西洋县/郭天成

江西/曲利明

江西婺源/林剑声

# 纵纹腹小鸮
Little Owl

保护级别：国家II级　　体长：23厘米　　居留类型：留鸟

特征描述：小型猫头鹰。无耳羽簇，头顶平，眉色浅，白色髭纹宽阔，使其双眼似凝视而相貌凶猛，上体褐色，具白色纵纹及点斑，下体白色，具褐色杂斑及纵纹，肩上有两道白色或皮黄色横斑。

虹膜亮黄色；喙角质黄色；脚被白色羽。

生态习性：常于地面活动，喜开阔原野，高可至海拔4600米，在城市环境中也有分布。部分昼行性，静立时常为周围响动吸引，快速机械地点头或转动。多数时间蹲坐，有时以长腿高高站起，飞行时上下起伏似啄木鸟，扑翅快。常立于篱笆、电线等开阔地中的突出处。

分布：中国常见于北方各省及西部的大多数地区。国外分布于西古北界、中东、东北非、中亚。

高原地区的纵纹腹小鸮常在地面土堆或石堆中营巢/四川若尔盖/董磊　　　　　　　　　　　　　　　　　　　北京/杨华

台湾/吴崇汉

新疆乌苏/赵勃

青海隆宝滩自然保护区/张铭

# 鬼鸮
Boreal Owl

保护级别：国家II级
体长：25厘米
居留类型：留鸟、夏候鸟

　　特征描述：多具点斑的小型猫头鹰。头高而略显方形，面盘白净，形如眼镜，面盘色彩使其有别于纵纹腹小鸮和花头鸺鹠，眉毛上扬，紧贴眼下具黑色点斑，肩部具大块的白色斑，下体白色，具污褐色纵纹。

　　虹膜亮黄色；喙角质灰色；脚黄色，被白色羽。

　　生态习性：夜行性。栖息于茂密的针叶林中，营巢于啄木鸟留下的树洞里。

　　分布：中国见于新疆西北部和大、小兴安岭，在甘肃中部、四川北部、青海东部以及云南西北部也有记录。国外分布于全北界地带。

新疆阿勒泰/张国强

鬼鸮常捕食森林鼠类/新疆阿尔泰山/马鸣

新疆阿勒泰/张国强

# 鹰鸮
Brown Hawk-Owl

保护级别：国家II级　　体长：30厘米　　居留类型：留鸟、旅鸟、夏候鸟

　　特征描述：头圆的中型鸮类。面盘及头部色深，无明显色斑，上体深褐色，肩部两边各有一列白色斑，下体白色或染皮黄色，具宽阔的红褐色纵纹，臀、额及喙基部色浅。
　　虹膜亮黄色；喙蓝灰色，蜡膜绿色；脚黄色。
　　生态习性：黄昏至夜间活动于林缘地带，飞行追捕空中昆虫和蝙蝠，有时以家族群为单位活动。
　　分布：中国繁殖于东北、华北至华东、华中一带，在台湾岛等地为留鸟。国外见于印度次大陆、东北亚、苏拉威西、婆罗洲、苏门答腊及爪哇西部。

在北方繁殖的鹰鸮胸腹纵纹色深而更为显著/台湾/吴崇汉

鹰鸮喜栖于高大阔叶树，当年的幼鸟胸腹纵纹不明显（左二和右一为幼鸟）/辽宁/张明

繁殖于云南南部的鹰鸮胸腹纹样与北方个体略有区别/云南西双版纳/沈越

四川成都/董磊

# 长耳鸮
Long-eared Owl

保护级别：国家II级　　体长：36厘米　　居留类型：留鸟、旅鸟、夏候鸟

特征描述：中型猫头鹰。耳羽簇耸立明显，面盘皮黄色而缘以褐色及白色，喙以上的面盘中央部位浅黄色区域形成明显"X"形，较长的耳羽簇使其明显区别于短耳鸮，上体褐色，具深浅斑驳的条纹斑块，下体皮黄色，具棕色底纹和褐色纵纹。
虹膜橙黄色；喙角质灰色；脚偏粉色，被羽。
生态习性：营巢于针叶林中的乌鸦巢穴里。夜行性，飞行从容，振翼如鸥。
分布：中国常见于北方省区，繁殖于新疆西部及天山、大兴安岭地区、横断山北缘，迁徙时见于中国大部地区，越冬于华北、华南、东南的沿海省份及台湾岛。国外见于全北界。

幼鸟/新疆阿勒泰/张国强

白天少有机会观察到飞翔的长耳鸮/辽宁/张永

幼鸟/新疆石河子/沈越

白天长耳鸮常隐身/北京/杨华

辽宁/张明

辽宁/张明

辽宁/张永

# 短耳鸮
Short-eared Owl

保护级别：国家II级
体长：38厘米
居留类型：旅鸟、夏候鸟

特征描述：耳羽簇较短的黄褐色中型鸮类。面盘显著，短小的耳羽簇于野外不易见到，短小耳羽与暗色眼圈使其区别于长耳鸮，上体黄褐色，满布黑色和皮黄色纵纹，下体皮黄色，具深褐色纵纹，翼长，飞行时黑色的腕斑易见。

虹膜黄色；喙深灰色；脚偏白色。

生态习性：栖息于开阔近水的草地上，可高至海拔1500米。

分布：在中国大部分地区为不常见的旅鸟，繁殖于东北，越冬时见于华北以南地区。国外见于全北界及南美洲。

四川成都/董磊

辽宁/张建国

北京野鸭湖/沈越

迁徙过境时短耳鸮会停歇在一些开阔地/辽宁/刘勇

# 普通夜鹰
Grey Nightjar

体长：28厘米
居留类型：夏候鸟、旅鸟、留鸟

　　特征描述：中等体型的偏灰色夜鹰。全身布满虫蠹纹，在林木枝干和落叶中具有隐蔽效果。雄鸟缺少长尾夜鹰的锈色颈圈，外侧尾羽具白色斑纹。雌鸟似雄鸟，但白色块斑呈皮黄色。
　　虹膜褐色；喙偏黑色；脚深棕色。
　　生态习性：喜栖息于开阔的山区森林和灌丛中，白天栖于地面或横枝上。
　　分布：中国繁殖于华东、华南至西南的绝大多数地区，迁徙时见于海南岛，在西藏东南部为留鸟。国外分布于印度次大陆、及菲律宾，南迁至印度尼西亚及新几内亚。

内蒙古/张永

西藏山南/李锦昌

很难遇见两只夜鹰互动的机会/福建武夷山/林剑声

夜鹰宽阔的喙和喙周的须使其可以高效地在空中捕食飞虫/福建武夷山/林剑声

# 欧夜鹰
European Nightjar

体长：27厘米　　居留类型：夏候鸟

特征描述：中等体型的棕灰色夜鹰。满布杂斑及纵纹，无耳羽簇。雄鸟近翼尖处有小白点，飞行时外侧尾羽端白色。雌鸟无白色。

虹膜深褐色；喙深角质色；脚灰色。

生态习性：滚翻飞行于空中追捕飞蛾类昆虫。炫耀飞行的雄鸟两翼张开并高举成"V"型滑翔。

分布：中国有繁殖记录于阿尔泰山、新疆西部的喀什、天山至甘肃西北部及内蒙古。国外繁殖于欧洲、亚洲北部、蒙古及非洲西北部，迁徙至非洲和印度的西北部。

欧夜鹰白天常紧贴树干停歇以取得隐蔽效果/新疆奎屯/赵勃

内蒙古阿拉善左旗/王志芳

欧夜鹰白天有时也栖于地面/新疆五家渠/夏咏

# 凤头树燕
Crested Treeswift

体长：25厘米（包括延长的尾羽）　　居留类型：留鸟

特征描述：灰色雨燕。两翼长且弯曲，特征为具竖起的凤头。雄鸟脸侧及耳羽有棕色块斑，具黑色眼罩，上体深灰色，三级飞羽具灰色横纹，下体灰色。亚成鸟多褐色，凤头极小，上多具白色及深褐色鳞纹，尾长。

虹膜褐色；喙黑色；脚红色。

生态习性：喜常绿雨林的林缘或林间空地。常立于树高处的突出枝上，似蜂虎或燕鸥作盘旋巡猎飞行。

分布：中国见于云南西部与南部及西藏东南部。国外见于印度次大陆及东南亚。

云南/吴崇汉

云南/吴崇汉

云南/肖克坚

云南勐仑/董磊

# 短嘴金丝燕
Himalayan Swiftlet

体长：14厘米
居留类型：夏候鸟

　　特征描述：体型略小的黑色雨燕。两翼长而钝，尾略呈叉形，腰部颜色因亚种而异，从浅褐色至偏灰色，下体浅褐色并具深色的纵纹，部分亚种腹部颜色甚浅，腿略覆羽。

　　虹膜色深；喙黑色；脚黑色。

　　生态习性：结群飞行于开阔的高山峰脊间。营巢于岩崖裂缝处，以苔藓为巢材。

　　分布：中国繁殖于西藏东南部，云南东部、西南部，四川以及华中地区。国外分布于喜马拉雅山脉至东南亚。

四川峨眉山/李锦昌

短嘴金丝燕在悬崖内凹处及岩洞顶部营巢，尖利的爪使其可以紧抓石壁/四川峨眉山/李锦昌

# 白喉针尾雨燕
White-throated Needletail

体长：20厘米　居留类型：夏候鸟

　　**特征描述：**黑白分明的雨燕。体型较大，颏及喉白色，尾下覆羽白色，三级飞羽具小块白色，背褐色，上具银白色马鞍形斑块，下体黑白色三段分明是其主要识别特征。
　　虹膜深褐色；喙黑色；脚黑色。
　　**生态习性：**栖息于多悬崖的高寒林区，成群快速飞越森林及山脊，国外与白腰雨燕等其他雨燕混群活动，有时低飞于水面。
　　**分布：**中国繁殖于青海南部、西藏东南部及东部、四川、云南的北部和西部以及东北地区，迁徙时见于华北、华东、华南及海南岛，在台湾岛有留鸟群体。国外繁殖于亚洲北部、喜马拉雅山脉，冬季南迁至澳大利亚及新西兰。

云南/田穗兴

浙江宁波/薄顺奇

黑龙江/杨树林

# 普通楼燕
## Common Swift

体长：21厘米　　居留类型：夏候鸟、旅鸟

特征描述：黑褐色的大型雨燕。尾略叉开，额部和喉部略染灰白色，翼展宽大。
虹膜褐色；喙黑色；脚黑色。
生态习性：在高大建筑物的缝隙中营巢，晨昏常结群在巢区附近快速盘旋。
分布：中国常繁殖于西北至华北、东北，南迁至东南亚、澳大利亚或非洲越冬。国外广布于欧亚大陆的温带地区。

新疆乌鲁木齐/王昌大

新疆乌鲁木齐/王昌大

福建武夷山/林剑声

# 白腰雨燕
Fork-tailed Swift

体长：18厘米
居留类型：夏候鸟、旅鸟

　　特征描述：污褐色而腰白色的雨燕。颏偏白色，尾长而尾叉深，与小白腰雨燕区别在于体型大而色淡，喉色较深，腰部白色马鞍形斑较窄，体形较细长，尾叉开。
　　虹膜深褐色；喙黑色；脚偏紫色。
　　生态习性：成群活动于开阔地区，常与其他雨燕混合。飞行比针尾雨燕速度慢，取食时做不规则的振翅和转弯，有时与普通楼燕共同营巢于建筑物上。
　　分布：中国常繁殖于东北、华北、华东、西藏东部、青海以及华中、华南、西南地区，也见于台湾岛和海南岛。国外繁殖于西伯利亚及东亚，迁徙经东南亚至新几内亚及澳大利亚越冬。

甘肃/郭天成

四川阿坝/王昌大

# 小白腰雨燕

House Swift

体长：15厘米　　居留类型：夏候鸟、留鸟

特征描述：偏黑色而腰白色的小型雨燕。喉及腰白色，尾为凹型非叉型，与体型较大的白腰雨燕区别在于色彩较深，喉和腰更白，尾部几乎为平切。

虹膜深褐色；喙黑色；脚黑褐色。

生态习性：结大群活动，在开阔地的上空捕食，飞行平稳。营巢于屋檐下、悬崖或洞穴中。

分布：中国繁殖于南部大部地区以及海南岛，在台湾岛为留鸟。国外见于非洲、中东、印度、喜马拉雅山脉、日本、菲律宾、苏拉威西及大巽他群岛。

台湾/许莉菁

浙江宁波/薄顺奇

由于后肢缺乏弹跳力，雨燕只能从高处滑翔起飞/台湾/许莉菁

# 橙胸咬鹃
Orange-breasted Trogon

保护级别：国家 II 级
体长：29厘米
居留类型：留鸟

　　特征描述：褐色与橘黄色的中型咬鹃。头圆尾长，喙尖端微微向下钩曲，边缘上有一些不太明显的锯齿，下喙的基部还生有发达的喙须，雄鸟头、颈及胸绿灰色，背和尾红褐色，初级飞羽黑色，覆羽具黑条斑，下胸和腹部淡黄色至橙黄色，楔形尾边缘和腹面白色。雌鸟头颈至前胸部多灰色。幼鸟头颈至前胸部染棕色。雌鸟、幼鸟腹部不似雄鸟鲜艳。

　　虹膜色深，眼周裸皮蓝色；喙蓝黑色；脚灰色。

　　生态习性：常单独或成对活动于热带森林的树冠下层至灌木层，可至海拔1500米的山地季雨林。常鸣叫，由枝头飞起猎食大型昆虫，不甚畏人。

　　分布：中国见于云南南部（西双版纳），国外分布于婆罗洲、苏门答腊及爪哇。

雌鸟/云南西双版纳/肖克坚

雄鸟/云南/张永

雄鸟/云南西双版纳/肖克坚

# 红头咬鹃

Red-headed Trogon

体长：33厘米　　居留类型：留鸟

特征描述：身体多红色的大型咬鹃。头圆而尾长。雄鸟头红色，背部颈圈缺失，红色的胸部具狭窄的半月形白色环。雌鸟头黄褐色，区别于其他所有咬鹃，胸腹部红色不如雄鸟鲜艳，下胸处具半月形白色环。

虹膜褐色，眼周裸皮蓝色；喙近蓝色；脚偏粉色。

生态习性：喜单个或成对静立于密林的低树枝上，从栖处飞起猎取食物。见于热带及亚热带森林地带，高可至海拔2400米。

分布：中国记录见于四川南部至贵州、云南、福建、广东、海南岛及西藏东南部。国外见于喜马拉雅山脉至东南亚。

雄鸟/云南瑞丽/董磊

雌鸟/福建永泰/郑建平

雄鸟/云南/杨华

雌鸟/云南瑞丽/董磊

# 红腹咬鹃

Ward's Trogon

保护级别：IUCN：近危　体长：38厘米　居留类型：留鸟

特征描述：下体绯红色的大型咬鹃。头圆尾长，雄鸟的额和头顶红色，上胸、上体及中央尾羽栗褐色而染绯红色，两翼偏黑色，初级飞羽缘白色；下胸至尾下覆羽绯红色。雌鸟与雄鸟相似，但深色部分较灰暗，与雄鸟绯红色部分相应处为艳黄色。

虹膜褐色，眼周裸皮蓝色；喙粉红色；脚粉棕色。

生态习性：栖息于海拔1600-3000米的成熟常绿阔叶林中，在与红头咬鹃可能同域分布的区域，活动范围的海拔比红头咬鹃更高，习性同其他咬鹃。

分布：中国分布于西藏东南部至云南西北部高黎贡山脉，也可能见于云南东南部高海拔山地。国外见于喜马拉雅山脉东部至印度东北部、缅甸东北部及越南西北部。

雄鸟/西藏山南/李锦昌

雄鸟/西藏山南/李锦昌

# 棕胸佛法僧
## Indian Roller

体长：33厘米
居留类型：留鸟、夏候鸟

　　特征描述：蓝灰色的佛法僧。头大而尾短，喙黑色，微微向下弯曲。远观整体色暗，近看可见其头顶、尾覆羽及两翼泛艳丽的青蓝色光泽，喉、上背及部分飞羽淡紫色，背部和中央尾羽暗绿色，胸腹棕灰色，飞行时可见两翼及尾部鲜艳蓝色形成的斑块。

　　虹膜褐色；喙灰黑色；脚暗黄色。

　　生态习性：常栖息于热带开阔原野或者干热河谷中，长时间静立于突出枝头或电线上，从栖处飞起捕食大型昆虫。

　　分布：中国有记录见于西藏南部，常见于云南南部局部地区。国外分布于印度、东南亚。

只有在合适光线下，棕胸佛法僧的绚丽色彩才充分展现出来/云南西双版纳/董磊

云南西双版纳/沈越

# 蓝胸佛法僧
European Roller

保护级别：IUCN：近危
体长：30厘米
居留类型：夏候鸟、旅鸟

　　特征描述：全身天蓝色与棕色相间的佛法僧。头大而尾长，头、下体及前翼呈天蓝色，飞羽黑色，上背、背部及三级飞羽粉棕色。

　　虹膜深褐色；喙黑色；脚暗黄色。

　　生态习性：喜开阔原野，于栖木上俯冲捕食昆虫，炫耀飞行时可上下翻飞。

　　分布：中国仅繁殖于新疆，迁徙时在西藏西部有过记录。国外分布于欧洲至中亚，迁徙至非洲和印度。

新疆阿勒泰/沈越

新疆阿勒泰/沈越

新疆阿勒泰/张国强

新疆阿勒泰/张国强

# 三宝鸟
Dollarbird

体长：30厘米
居留类型：夏候鸟、旅鸟

　　**特征描述：**深色的中型佛法僧。头大而喙短，成鸟具宽阔的红喙，亚成鸟则为黑色。整体为暗蓝黑色，喉为亮蓝色。飞行时两翼中心有对称的亮蓝色圆斑。

　　虹膜褐色；喙短，红色而端黑色；脚橘黄色至红色。

　　**生态习性：**多栖息于林缘地带，高可至海拔1200米。常长时间立于近林开阔地的枯树上，从栖处起飞追捕昆虫，扑翅慢而重，有时三两只于黄昏一道翻飞或俯冲。在北方繁殖的，南迁越冬。

　　**分布：**中国广布于东部地区。国外广泛分布于日本、菲律宾、印度尼西亚及至新几内亚和澳大利亚。

三宝鸟与佛法僧一样，主要以大型飞虫为食/江西南昌/王揽华

台湾/吴敏彦

三宝鸟在土壁或石壁上营洞巢/福建永泰/郑建平

配偶间喂食是鸟类中的普遍现象/福建永泰/郑建平

# 鹳嘴翡翠

Stork-billed Kingfisher

保护级别：国家II级　　体长：35厘米　　居留类型：夏候鸟、旅鸟

特征描述：上体蓝色而下体橘黄色的红嘴翡翠。红喙硕大，头顶、脸侧及颈背灰色或染棕色，下体橘黄色偏粉色。
虹膜褐色；喙红色；脚红色。
生态习性：常栖息于大型河流的沿岸。
分布：中国记录见于云南南部(西双版纳和德宏)和极西部（盈江）。国外见于印度、菲律宾及马来诸岛。

云南/吴崇汉

# 赤翡翠
## Ruddy Kingfisher

体长：25厘米
居留类型：夏候鸟、旅鸟

特征描述：周身棕红色和绛紫色的中型翡翠。头棕色，上体为泛金属光泽的棕紫色，腰浅蓝色，下体棕色。

虹膜褐色；喙红色；脚橙红色至红色。

生态习性：偏好红树林和其他类型的沿海林地，也繁殖于林中食物丰富的溪流水塘附近。

分布：中国有繁殖记录于东北地区，冬季南迁。国外广泛分布于印度至日本、菲律宾及印度尼西亚。

台湾/林月云

台湾/林月云

# 白胸翡翠

White-throated Kingfisher

体长：27厘米
居留类型：夏候鸟、旅鸟、冬候鸟、留鸟

　　特征描述：上体蓝色而下体褐色的翡翠。额、喉及胸部白色，头、颈及下体余部褐色，上背、翼及尾蓝色泛光，翼上覆羽上部及翼端黑色，飞行时可见初级飞羽浅色主干部分形成的大亮斑。

　　虹膜深褐色；喙深红色，亚成鸟喙黑色，前端浅黄色；脚红色。

　　生态习性：捕食于旷野、河流、池塘及海边。

　　分布：中国常见于华中以南包括海南岛的大部分地区，迷鸟记录见于台湾岛。国外见于中东、印度、菲律宾、安达曼斯群岛及苏门答腊。

福建武夷山/曲利明

江西南矶山/林剑声

福建永泰/白文胜

福建武夷山/曲利明

# 蓝翡翠

Black-capped Kingfisher

体长：30厘米
居留类型：夏候鸟、旅鸟、冬候鸟、留鸟

　　特征描述：腹部棕黄色的大型蓝色翡翠。以头黑为特征，颏、前胸至颈部白色，除翼上覆羽黑色外，上体为华丽的蓝色而泛紫色光泽，两胁及臀部沾棕色，飞行时初级飞羽主干形成的白色翼斑显而易见。

　　虹膜深褐色；喙红色；脚红色。

　　生态习性：偏好大河两岸，非繁殖季节也见于河口及红树林中。栖息于悬在河中的枝头上。捕食鱼类，有时也在空中捕食大型昆虫或扑食地面的两栖、爬行动物。

　　分布：中国夏季见于华北、华东、华中及华南，包括海南岛，迷鸟记录见于台湾岛。国外繁殖于朝鲜半岛，南迁越冬远及印度尼西亚。

福建武夷山/曲利明

江西南昌/谢晓方

鱼类并非翡翠唯一的食物/湖北黄冈/柴江辉

台湾/林月云

# 三趾翠鸟
Oriental Dwarf Kingfisher

体长：14厘米
居留类型：留鸟

　　**特征描述**：小型翠鸟。颈侧有白色斑，眼后有紫蓝色带，头顶、后背橙红色，翼上覆羽蓝黑色，前背亮蓝色。另有翼和前背部为红色的红色型个体，下体鲜黄色至橙黄色。

　　虹膜褐色；喙红色；脚红色。

　　**生态习性**：栖息于低地热带森林中，可至海拔1500米，常活动于近溪流的丛林中，常在低枝间快速飞翔捕食昆虫。

　　**分布**：中国为边缘性分布，罕见于云南南部、海南岛，在西藏东南部可能有分布。国外分布于印度、缅甸至马来诸岛及菲律宾。

幼鸟/海南霸王岭/肖克坚

三趾翠鸟的食物多捕自热带雨林地面，如昆虫、螃蟹和小型两栖、爬行动物/成鸟/海南/陈久桐

成鸟/海南/陈久桐

成鸟/云南西双版纳/罗爱东

成鸟/海南/陈久桐

# 普通翠鸟
Common Kingfisher

体长：27厘米　居留类型：夏候鸟、旅鸟、冬候鸟、留鸟

　　特征描述：小型翠鸟。成鸟上体浅蓝绿色，颈侧有白色斑，颏白色；下体橙棕色。幼鸟色暗淡而多绿色，具深色胸带，下腹部污白色。自喙基起横贯眼部直至耳羽的橘黄色带使本种区别于蓝耳翠鸟与斑头大翠鸟。
　　虹膜褐色；雄鸟喙全黑色，雌鸟上喙黑色而下颚橘黄色；脚红色。
　　生态习性：栖息于淡水湖泊、溪流、运河、鱼塘、稻田等各种水域周围，也见于滨海红树林中。常栖于岩石或探出的枝头上，突然俯冲入水捕捉近水面的小鱼或其他水生动物。
　　分布：中国几乎广布于全国各地，常见于各种适宜生境下，在封冻季节南下越冬。广泛分布于欧亚大陆、印度尼西亚至新几内亚。

成鸟/福建福州/张浩

成鸟/福建将乐/郑建平

成鸟/江西鹰潭/曲利明

翠鸟会将不能消化的鱼骨、鱼鳞等聚成丸状吐出/江苏盐城/孙华金

雄鸟向雌鸟献鱼时总将鱼头冲外，以便对方吞咽；亲鸟向幼鸟喂食时也如此/江苏盐城/孙华金

# 斑头大翠鸟
Blyth's Kingfisher

保护级别：IUCN：近危
体长：23厘米
居留类型：留鸟

　　特征描述：大翠鸟。形似普通翠鸟但明显较大，头顶、枕及头侧近蓝黑色，耳羽近黑色并具银蓝色细纹，脸颊也具银蓝色细纹，头部无橙黄色，以此区别于普通翠鸟。

　　虹膜褐色；喙黑色；脚红色。

　　生态习性：栖息于亚热带阔叶林下的清澈溪流中，成对生活。

　　分布：中国分布于西藏东南部、云南南部、江西、福建和广东北部及海南岛。国外见于印度东北部、东南亚。

福建三明/林晨

成鸟/江西/陈久桐

将去喂食的亲鸟/江西赣粤交界山区/白文胜

成鸟/福建龙栖山/林剑声

# 冠鱼狗

Crested Kingfisher

体长：41厘米
居留类型：夏候鸟、旅鸟、冬候鸟、留鸟

　　特征描述：有显著羽色冠的大型鱼狗。头大而体壮，冠羽非常发达，通常蓬起，上体青黑色并密布白色横斑和点斑，颊至颈侧白色，脸颊下缘有黑色髭纹，下体白色，胸部具黑色斑纹，两胁具皮黄色横斑。雄鸟翼下白色，雌鸟则为黄棕色。

　　虹膜褐色；喙黑色；脚黑色。

　　生态习性：栖息于流速快而多卵砾石的清澈河溪周围，高可至海拔2000米。常静立于大块岩石上，飞行慢而有力，单个或成对活动。

　　分布：中国见于西藏南部、西南各省至除东北北部以外的整个东部地区，包括海南岛。国外分布于喜马拉雅山脉及印度北部山麓地带、东南亚北部。

福建南平/高川

江西鹰潭/曲利明

清澈多岩石的河流是冠鱼狗的典型生境/福建武夷山/张浩

# 斑鱼狗
Pied Kingfisher

体长：27厘米
居留类型：夏候鸟、留鸟

　　特征描述：中等体型的黑白色鱼狗。冠羽较小且不常蓬起，具白色眉纹，上体黑色而多具大的白色斑点，初级飞羽及尾羽基白色而稍有黑色，下体白色，上胸具黑色的宽阔条带，下缘为狭窄的黑色斑。雌鸟胸带不如雄鸟宽。与冠鱼狗的区别在于体型较小，冠羽短小，胸带较宽。

　　虹膜褐色；喙黑色；脚黑色。

　　生态习性：成对或结小群活动于较大水体的周围，如湖泊、水库、大鱼塘及沿海红树林。群鸟聚集时多鸣叫，常在水面盘旋悬停，猛然俯冲入水捕鱼。

　　分布：中国常见于东南部及海南岛，偶见于云南西部与南部低地。国外分布于印度东北部、斯里兰卡、缅甸、东南亚。

江西鄱阳湖/曲利明

福建福州/姜克红

斑鱼狗常结包括五、六只个体的小群活动/福建福州/姜克红

# 蓝须夜蜂虎
Blue-bearded Bee-eater

体长：30厘米
居留类型：留鸟

　　特征描述：中型蜂虎。中央尾羽不延长，全身绿蓝色相间，矛状胸羽蓝色而蓬松，头大，喙较其他蜂虎粗厚而下弯。成鸟前额至顶冠淡蓝色，腹部棕黄色，密布污绿色纵纹，尾羽腹面黄褐色，亚成鸟全身绿色。

　　虹膜橘黄色；喙偏黑色；脚暗绿色。

　　生态习性：为原始林和有高大树木的次生林中的留鸟，分布高至海拔1800米，栖于高大林木树冠层。较其他蜂虎鸟更喜密林，从停歇处悄无声息地飞起觅食，停歇时尾部扇开或抽动，一般不出现在开阔环境中。

　　分布：中国见于云南至海南岛。国外见于喜马拉雅山脉，印度北部至东南亚大部。

与其他蜂虎一样，蓝须夜蜂虎在直立的土壁上营洞巢/广西/陈久桐

广西/陈久桐

云南那邦/沈越

广西/陈久桐

# 绿喉蜂虎
Green Bee-eater

保护级别：国家II级
体长：20厘米
居留类型：夏候鸟、冬候鸟、留鸟

　　特征描述：周身绿色的小型蜂虎。中央尾羽延长，头顶及枕部古铜色，喉至脸侧染淡蓝色，领前部有狭窄黑带。

　　虹膜绯红色；喙褐黑色；脚黄褐色。

　　生态习性：栖息于干燥的开阔原野，上至海拔1500米，常结小群栖于枯枝上，从栖处飞起捕食昆虫。喜泥浴。

　　分布：中国见于云南西部及南部的低海拔地区。国外分布于非洲、中东至东南亚。

云南那邦/沈越

云南/吴崇汉

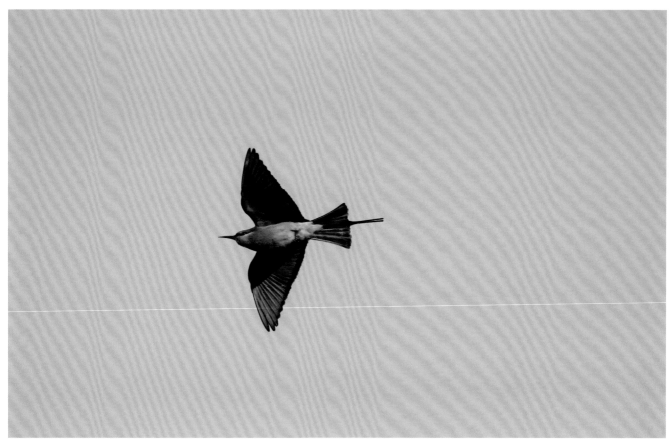

云南/杨华

云南/张明

# 栗喉蜂虎

Blue-tailed Bee-eater

体长：30厘米
居留类型：夏候鸟、旅鸟

　　特征描述：喉部具有栗色带的蜂虎。体态优雅，中央尾羽延长，过眼纹黑色，上下均缀有蓝色细缘，头及上背绿色，腰、尾蓝色，额黄色，腹部浅绿色，有时染黄色，与绿喉蜂虎主要区别为头顶和喉部颜色不同，飞行时可见飞羽下面为橙黄色。
　　虹膜红色；喙黑色；脚角质灰色。
　　生态习性：常见于海拔1200米以下的开阔生境，聚于开阔地上空捕食。栖息于突出的枯枝或电线上，从栖处起飞，在滑翔中捕食昆虫。迁徙或移动时结成紧密小群，叽喳鸣叫着快速飞过。
　　分布：中国西藏东南部、四川南部、云南、广西及广东有繁殖记录，在海南岛为留鸟。国外繁殖于南亚和东南亚，冬季迁移至大巽他群岛。

福建/郑建平

福建厦门/王揽华

0736

栗喉蜂虎营巢时形成巢群/福建厦门/王揽华

福建厦门/王揽华

# 蓝喉蜂虎
Blue-throated Bee-eater

体长：28厘米（包括延长的中央尾羽）
居留类型：夏候鸟、旅鸟

　　**特征描述**：中型蜂虎。以蓝色喉为特征。成鸟头顶及上背栗棕色，过眼线黑色，翼蓝绿色，腰至尾羽浅蓝色，下体浅绿色，尾下覆羽有时发白色。亚成鸟尾羽无延长，头及上背绿色。
　　虹膜红色或褐色；喙黑色；脚灰或褐色。
　　**生态习性**：喜栖息于多水低地的开阔原野和林地边缘，繁殖期结小群聚集于多沙地带，不如栗喉蜂虎结群庞大，亦不如其活跃好动。
　　**分布**：中国繁殖于河南、湖北一线以南，不常见。国外见于大巽他群岛及菲律宾。

湖北/柴江辉

湖北/张明

江西南昌/王揽华

湖北/张明

# 栗头蜂虎
Chestnut-headed Bee-eater

保护级别：国家II级
体长：20厘米
居留类型：夏候鸟、旅鸟

　　特征描述：体具绿色和栗色的蜂虎。中央尾羽不延长，贯眼纹黑色，头顶、枕至上背亮栗色，两翼及尾部绿色，腰艳蓝色，喉黄色而有栗色细缘，腹部浅绿色，飞行时翼下可见橙黄色。
　　虹膜红褐色；喙黑色；脚深褐色。
　　生态习性：常见于开阔的有林区域，至海拔1200米，常结群活动。
　　分布：中国繁殖于西藏东南部及云南西部。国外见于南亚至东南亚。

云南/林月云

云南/林月云

# 黄喉蜂虎
European Bee-eater

体长：28厘米　　居留类型：夏候鸟、旅鸟

特征描述：色彩亮丽的中型蜂虎。中央尾羽延长，头顶至前背栗色，后背金色显著，喉黄色而具狭窄的黑色前领，下体余部蓝色。幼鸟中央尾羽不延长，背绿色。

虹膜红色；喙黑色；脚灰色。

生态习性：结群盘旋于开阔原野的上空觅食昆虫，振翼极快，飞行姿态优雅，不似喜缓慢滑翔的栗喉蜂虎等。

分布：中国繁殖季节罕见于新疆西部。国外分布于南欧、北非、中东、中亚及印度次大陆西北部。

新疆/张永

新疆/郑建平

新疆石河子/徐捷

# 戴胜
Common Hoopoe

体长: 30厘米
居留类型: 夏候鸟、旅鸟、冬候鸟、留鸟

　　**特征描述:** 色彩鲜明的中型鸟类。喙细长下弯,头具长而端黑色、可以耸立的粉棕色丝状冠羽,头、上背、肩至下体粉棕色,两翼及尾具黑白色相间的条纹。
　　虹膜褐色;喙黑色;脚黑色。
　　**生态习性:** 喜开阔和基质松软的地面,边快速走动,边用长喙在地面翻动寻找食物。兴奋或有警情时冠羽立起,起飞后冠羽倒伏。高可至海拔3000米。
　　**分布:** 中国常见于大部分省区,在云南、广西等地为留鸟,在其余分布区为候鸟,冬季北方鸟南下至长江以南越冬,偶见于台湾岛;但在暖冬年份,冬季也可见于北方城市的公园和绿地里。国外见于非洲、欧亚大陆至东南亚。

辽宁盘锦/沈越

福建福清/曲利明

0742

河北北戴河/沈越

辽宁/张明

# 冠斑犀鸟
Oriental Pied Hornbill

保护级别：国家II级　　体长：75厘米　　居留类型：夏候鸟、旅鸟

　　**特征描述：**体型较小黑白色犀鸟。喙盔发达。上体黑色，仅眼下方有小块白色斑，下腹部、及尾下覆羽白色，飞羽羽端及外侧尾羽亦白色。

　　虹膜深褐色，眼周裸皮及喉囊白色；喙及盔突黄白色，下颚基部及盔突前部具黑色点斑；脚黑色。

　　**生态习性：**喜有高大树木的开阔森林及林缘，成对或成小群活动，振翅飞行或滑翔，食性偏好昆虫，也吃一些果实。

　　**分布：**中国以往常见于西藏东南部和云南至广西的中低海拔热带森林中，现仅偶见于云南、广西历史分布区内残存的少数连片热带森林中。国外见于印度北部至东南亚。

西藏山南/李锦昌

西藏山南/李锦昌

# 双角犀鸟
## Great Hornbill

保护级别：国家II级　　IUCN：近危　　体长：125厘米　　居留类型：夏候鸟、旅鸟

特征描述：黑色及乳白色并常染黄色的大型犀鸟。喙大，喙盔非常发达，两翼凸起而中央凹下。脸黑色，头及胸部的白色体羽染黄色，尾羽白色而具黑色次端斑，翼黑色而具白色沾黄色的宽横带。

虹膜雄鸟红色，雌鸟近白色；喙及盔突黄色；脚黑色。

生态习性：通常成对活动，展平双翼优雅缓慢地飞过林顶，取食和栖息于原始林的顶冠层，常到盛果期的大榕树上取食。

分布：曾经是中国云南西部至南部及西藏东南部低地常绿林的罕见但广泛分布的留鸟，由于其适宜生境绝大部分已经消失，目前在云南仅存的原始热带森林中也很罕见。国外见于印度、马来半岛及苏门答腊。

犀鸟常光顾高大的结实树木，是热带森林中重要的种子传播者/云南/吴崇汉

# 棕颈犀鸟
Rufous-necked Hornbill

保护级别：国家 II 级　　IUCN：易危　　体长：117 厘米　　居留类型：留鸟

　　特征描述：具有棕色或黑色头颈的大型犀鸟。喙上盔突极小，仅为稍稍隆起的脊状。眼周裸皮蓝色，喉囊红色。雄鸟头颈至下体棕红色；雌鸟则全身黑色，两性初级飞羽的羽端及后半段尾羽均为白色。
　　虹膜略红；喙黄色；脚近黑色。
　　生态习性：栖息于海拔 600—1800 米的山地常绿林中。
　　分布：中国有记录见于西藏东南部雅鲁藏布江谷地和云南。国外见于喜马拉雅山脉，从尼泊尔至缅甸北部及东南亚山地。

雄鸟/西藏山南/李锦昌

雄鸟/西藏山南/李锦昌

# 花冠皱盔犀鸟
Wreathed Hornbill

保护级别：国家Ⅱ级　　体长：105厘米　　居留类型：留鸟

特征描述：白、棕、黑色相间或全身黑色的大型犀鸟。喙巨大，盔突较不发达，为隆起的脊状，喙和盔突均为乳白色。雄鸟盔突和喙基有整齐排列的皱褶，皱褶形成褐色条纹，雌鸟的条纹不如雄鸟发达。雄鸟头颈乳白色，头顶、枕部至颈背红棕色，枕部具略红色的丝状羽，裸出的浅色喉囊上具明显的黑色条纹。雌鸟头颈黑色，喉囊蓝色，眼周红色。雄雌两性的背、两翼及腹部均为黑色，尾羽白色。

虹膜红色；喙白色或黄色；脚黑色。

生态习性：常成对或集小群飞越森林上空，鼓翼声重，常至盛果期的榕树上取食。

分布：中国见于云南极西南部。国外分布于印度次大陆东北部至东南亚。

小群犀鸟编队飞过热带森林上空/云南/田穗兴　　　　　　　　　　　　　　　　　　雌鸟/云南/吴崇汉

雄鸟/云南/吴崇汉

# 大拟啄木鸟
Greater Barbet

体长：30厘米
居留类型：留鸟

　　特征描述：体型甚大的啄木鸟。头大而呈墨蓝色，上背至胸前为橄榄褐色，上体余部和尾羽绿色，翼覆羽有时略染蓝色，下体略黄色而带深绿色纵纹，尾下覆羽亮红色。

　　虹膜褐色；喙牙黄色而端黑色；脚灰色。

　　生态习性：栖息于天然常绿林中，可至2000米以上的中海拔地带。大量取食阔叶树果实，尤其是桑科树果实，也吃昆虫，飞行如啄木鸟，升降幅度大，有时数鸟聚集在一处鸣叫。

　　分布：中国分布于南部地区。国外见于喜马拉雅山脉及东南亚北部。

福建福州/姜克红

大拟啄木鸟喜食水果/福建永泰/郑建平

拟啄木鸟和啄木鸟一样，在树干上开凿树巢/福建永泰/郑建平

云南瑞丽/董磊

# 斑头绿拟啄木鸟

Lineated Barbet

体长：29厘米
居留类型：留鸟

　　**特征描述：**绿色拟啄木鸟。体羽多绿色，头及颈淡黄褐色，头及下体多纵纹。
　　虹膜草黄色；喙浅黄色；脚黄色。
　　**生态习性：**如其他拟啄木鸟，但喜栖息于相对干燥、开阔并有大树的生境。
　　**分布：**中国为边缘性分布，曾记录见于云南西部和西南部低地。国外分布于喜马拉雅山脉西部至印度东北部、东南亚。

西藏聂拉木/王昌大

各种拟啄木鸟都嗜吃果实，是种子的重要传播者/西藏山南/李锦昌

# 金喉拟啄木鸟
Golden-throated Barbet

体长：23厘米
居留类型：留鸟

特征描述：头部色彩艳丽的拟啄木鸟。周身绿色，头顶红黄色相间，具宽的黑色贯眼纹，颏及上喉黄色，下喉浅灰色。

虹膜近红色；喙黑色；脚黑色。

习性：常单独活动，通常生活于比大多数拟啄木鸟活动范围海拔高的山区，喜茂盛常绿阔叶林，分布于海拔1200-2200米山地。

分布：中国偶见于西藏东南部，云南西部、南部和东南部，以及广西西南部。国外分布于尼泊尔至东南亚。

云南陇川/沈越

云南百花岭/郭天成

# 黑眉拟啄木鸟
Chinese Barbet

体长：20厘米
居留类型：留鸟

　　特征描述：头部色彩明艳的拟啄木
鸟。周身绿色，头部有蓝、红、黄、
黑四色，与其他拟啄木鸟区别在于体
型略小，眉黑色，颊蓝色，喉黄色，
颈侧具红色点。亚成鸟色彩较暗淡。
　　虹膜褐色；喙黑色；脚灰绿色。
　　生态习性：栖息于亚热带阔叶林
地，活动于海拔1000-2000米地带。
　　分布：中国常见于广西和海南
岛。国外分布于东南亚。

海南/王昌大

海南/张明

海南/张永

# 台湾拟啄木鸟
Taiwan Barbet

体长：20厘米
居留类型：留鸟

　　特征描述：头部色彩明艳的拟啄木鸟。周身绿色，顶冠前端黄色而后半部蓝色，以此区别于亲缘关系很近的黑眉拟啄木鸟，与其他拟啄木鸟的区别在于体型略小，眉黑色，颊蓝色，喉黄色，颈侧具红点。亚成鸟色彩较暗淡。

　　虹膜褐色；喙黑色；脚灰绿色。

　　生态习性：栖息于亚热带成熟阔叶林地，典型的栖于树冠的拟啄木鸟。

　　分布：中国特有种，常见于台湾岛海拔1000~2000米的区域。

台湾/吴崇汉

成熟的番木瓜对鸟和昆虫而言都是营养大餐/台湾/陈世明

台湾/吴崇汉

台湾/吴崇汉

# 蓝喉拟啄木鸟
Blue-throated Barbet

体长：20厘米　居留类型：留鸟

特征描述：头部色彩明艳的中型拟啄木鸟。周身绿色，顶冠前后部位绯红色，中间黑色或偏蓝色，眼周、脸、喉及颈侧亮蓝色，胸侧各具一红色点。
虹膜褐色；喙灰黑色；脚灰色。
生态习性：栖息于低海拔热带常绿林及次生林中，常见在果树上结小群活动，尤其是在榕属树木上取食。
分布：中国常见于西藏东南部，云南西南部、南部至东南部，是云南南部低地最普遍的拟啄木鸟。国外分布于印度至东南亚。

在繁殖季节拟啄木鸟也大量捕捉昆虫/云南/杨华

即便是坚硬的铁树，也能被拟啄木鸟凿开/云南/杨华

云南/张明

云南/林黄金莲

西藏山南/李锦昌

# 蓝耳拟啄木鸟

Blue-eared Barbet

体长：18厘米　居留类型：留鸟

特征描述：头部图样明艳的小型拟啄木鸟。周身绿色，头顶及额蓝色，额及喉近黑色，脸颊蓝色斑块上下有红色带。
虹膜褐色；喙黑色；脚绿灰色。
生态习性：通常隐于树冠而不可见，但可闻其声，常与绿鸠及其他食果鸟类一道在无花果树上进食。
分布：中国边缘性分布至云南西南部、南部和西藏东南部。国外见于印度次大陆东北部、东南亚。

云南那邦/廖晓东

云南那邦/廖晓东

云南德宏/李锦昌

# 赤胸拟啄木鸟
Coppersmith Barbet

体长：17厘米　　居留类型：留鸟

特征描述：头顶红色的小型拟啄木鸟。背、两翼及尾蓝绿色，下体灰白色，具粗浓的黑色纵纹。亚成鸟头少红色及黑色，但眼下和颏下具黄色点。

虹膜褐色；喙黑色；脚红色。

生态习性：喜栖息于开阔森林生境，高可至海拔1000米，可适应园林绿地及人工林。

分布：中国边缘性分布至云南西部及南部，也可能见于西藏东南部。国外见于巴基斯坦至东南亚大部、爪哇及巴厘岛。

云南那邦/廖晓东

云南西双版纳/董磊

云南/吴崇汉

云南/吴崇汉

# 蚁鴷
Eurasian Wryneck

体长：17厘米　居留类型：夏候鸟、旅鸟、冬候鸟

特征描述：小型灰褐色啄木鸟。尾长，体羽斑驳杂乱，下体具横斑，喙短且呈圆锥形，尾羽具不明显的横斑。
虹膜淡褐色；喙角质色；脚褐色。
生态习性：外形及习性均不同于其他啄木鸟。栖于树枝或地面，不攀树，不錾啄树干取食，有大型动物或人接近时，头部往两侧扭动。通常单独活动，喜活动于灌丛和林缘，多取食地面蚂蚁。
分布：中国繁殖于华中、华北及东北，南迁至华南、海南岛及台湾岛越冬，迁徙季节也见于新疆和西藏东南部。国外见于非洲、欧亚、印度、东南亚。

蚁鴷通常不发出声响/福建福州/姜克红

辽宁/张明

新疆福海/吴世普

辽宁盘锦/沈越

新疆阿勒泰/张国强

# 黄腰响蜜䴕
Yellow-rumped Honeyguide

保护级别：IUCN：近危　体长：15厘米　居留类型：留鸟

特征描述：身体暗灰色染褐色的鸟。雄鸟眉、头顶及颊亮黄色至金黄色，识别特征是腰背为鲜亮的金黄色至明黄色，三级飞羽具白色条纹，下体灰白色而具深色纵纹。雌鸟较雄鸟暗淡，头部黄色较少且少鲜亮色调。

虹膜褐色；喙黄褐色；脚灰绿色。

生态习性：常光顾蜂巢，取食幼虫和蜂蜡。

分布：中国见于西藏东南部，也可能见于邻近的云南极西北部。国外见于印度次大陆的北部及东北部，沿喜马拉雅山系南坡至缅甸东北部。

正在蜜蜂巢上取食的黄腰响蜜䴕/西藏林芝/董磊

# 白眉棕啄木鸟
## White-browed Piculet

体长：9厘米
居留类型：留鸟

特征描述：黄绿色啄木鸟。身材纤小、体形似山雀，雄鸟前额黄色，雌鸟前额棕色，眉白色，上体橄榄绿色，下体橙棕色延伸至脸颊，仅具三趾。亚成鸟色较暗淡。

虹膜红色；喙近黑色；脚黄色。

生态习性：栖息于亚热带阔叶林及次生林中，尤其是竹林的中下层。在树干或树枝上觅食时常发出轻微叩击声。

分布：中国记录见于西藏东南部，云南西部、西南部和东南部，以及广西和贵州南部。国外见于喜马拉雅山脉。

云南/王尧天

云南那邦/沈越

# 斑姬啄木鸟
Speckled Piculet

体长：10厘米　居留类型：留鸟

特征描述：身材纤小的啄木鸟。上体橄榄色，下体色浅并有排列有序的黑色点斑，头顶橄榄褐色，渐变至上体的橄榄绿色，黑色贯眼纹和白色眉纹、髭纹形成脸部鲜明图案，尾中央白色而两侧黑色。雄鸟前额染橘黄色。

虹膜红色；喙近黑色；脚灰色。

生态习性：生活于常绿阔叶林中，高可至海拔1500米。常见于亚热带或热带低山混合林的枯树或树枝上，尤喜竹林，觅食时持续发出容易听到的叩击声。

分布：中国分布广泛但不常见，栖息于西藏东南部和华中、华东、华南、东南的大部分地区，也见于云南西部及南部。国外见于喜马拉雅山脉至东南亚。

云南/张明

云南/杨华

陕西洋县/沈越

福建福州/林峰

云南/宋晔

# 棕腹啄木鸟

Rufous-bellied Woodpecker

体长：20厘米　　居留类型：夏候鸟、旅鸟、冬候鸟、留鸟

　　特征描述：色彩浓艳的中型啄木鸟。身上黑、白、赤褐、红色相间，上喙黑色而下喙基黄色，额、眼先、眼周至颏白色。雄鸟顶冠及枕红色。雌鸟顶冠黑色而具排列有序的白色点。头侧及下体赤褐色，使其区别于中国可见的其他啄木鸟，背上有排列有序的黑白横斑，两翼及尾黑色，上具成排的白色点，臀红色。

　　虹膜褐色；喙灰端黑色，下喙基黄色；脚铅色。

　　生态习性：栖息于针阔混交林，在海拔1500米至4000余米范围内作垂直迁移，雄雌两性均錾木有声。

　　分布：中国繁殖于西藏西部、东南部至四川和云南的西北部、西部及南部，繁殖在黑龙江中海拔地带的群体秋冬季节经东部迁徙至华南地区越冬。国外分布于喜马拉雅山脉及东南亚。

西藏/张永

迁徙期间，棕腹啄木鸟散见于华北地区的各种林地/辽宁盘锦/张明

河北乐亭/沈越

西藏山南/李锦昌

# 小星头啄木鸟

Japanese Pygmy Woodpecker

体长：14厘米　居留类型：留鸟

特征描述：小型的黑白色啄木鸟。上体黑色，背具白色点斑，形成有序的条纹，两翼白色点斑排列成行，外侧尾羽边缘白色，耳羽后具白色块斑，眉线短而白色，颊线白色，眉线后上方具不明显的红色条纹，下体皮黄色，具黑色条纹，近灰色的横斑过胸，上胸白色，与星头啄木鸟区别在于脸部、背部纹样，且整体羽色偏褐色。
虹膜褐色；喙灰色；脚灰色。
生态习性：喜开阔林地，单独或成对活动，有时混入其他鸟群。
分布：中国见于黑龙江东北部至辽宁。国外见于西伯利亚东南部、朝鲜半岛、日本。

辽宁沈阳/孙晓明

辽宁铁岭/张明（大力水手）

辽宁铁岭/张明（大力水手）

# 星头啄木鸟
Grey-capped Pygmy Woodpecker

体长：15厘米　居留类型：留鸟

特征描述：黑白色相间的小型啄木鸟。喙略短，头顶灰色，雄鸟眼后上方具红色条纹，具显眼的白色肩斑，下体无红色，腹部棕黄色而密布近黑色的细条纹。亚种*nagamichii*少白色肩斑，背白色而具黑色斑。

虹膜淡褐色；喙灰色；脚绿灰色。

生态习性：栖息于各种类型的林地中，北方栖息于近山平原和低山地区，在南方可上至海拔2000米，喜有大树的阔叶林或混交林。

分布：中国见于东北至华北、华东、华南、西南和西藏东南部，也见于台湾岛。国外分布于巴基斯坦，沿喜马拉雅山南坡至东南亚。

台湾/林月云

北京怀沙河/沈越

台湾/林月云

# 小斑啄木鸟
Lesser Spotted Woodpecker

体长：15厘米　　居留类型：留鸟

特征描述：黑白色的小型啄木鸟。雄鸟头顶红色，枕黑色，前额近白色。雌鸟头顶黑色。上体黑色，点缀着成排白色斑，下体近白色，两侧具黑色纵纹。生活于分布区北部的个体下体全白而无纵纹。

虹膜红褐色；喙黑色；脚灰色。

生态习性：喜落叶林、混交林、亚高山桦木林或人工园林绿地，在分布区南部栖息于较高海拔林地中，飞行时大幅度地起伏。

分布：中国常见于阿尔泰山、准噶尔盆地北部以及东北各地。国外见于欧洲、北非、亚洲西南部至蒙古、西伯利亚及朝鲜半岛。

雄鸟/新疆/张明

雌鸟/新疆阿勒泰/张国强

雌鸟/新疆/张明

# 茶胸斑啄木鸟

Fulvous-breasted Woodpecker

体长：18厘米
居留类型：留鸟

特征描述：身体具有黑白色斑的小型啄木鸟。雄鸟头顶红色，雌鸟头顶黑色，脸侧白色，具黑色下颊纹及领环，上体满布黑白色横斑，下体皮黄色，带黑色细纵纹，尾下覆羽红色。

虹膜褐色；喙蓝灰色；脚橄榄色。

生态习性：栖息于开阔林地及次生林中，也在居民点附近活动，高可至海拔2000米。

分布：中国边缘性地见于西藏东南部。国外分布于喜马拉雅山脉、印度、东南亚。

雌鸟/西藏山南/李锦昌

雄鸟/西藏山南/李锦昌

# 纹胸啄木鸟
## Stripe-breasted Woodpecker

体长：18厘米　　居留类型：留鸟

特征描述：中型啄木鸟。身体具有黑色、白色及红色，额白色，雄鸟红色顶冠延至枕部，顶冠前方有一黑色带，上体黑色而具成排的白色点斑，胸部有黑色纵纹，下体污白色染茶黄色而臀红色，黑色须状条纹从颈部往下延伸至腹侧。形似茶胸斑啄木鸟，但胸部条纹较密，尾较黑而脸较白。

虹膜红褐色；喙色淡，喙尖近黑色；脚灰绿色。

生态习性：栖息于海拔800-2200米的热带常绿林中。

分布：中国分布于云南西部、西北部及南部。国外见于印度东北部至东南亚。

雄鸟/云南/王尧天

雄鸟/云南/王尧天

雄鸟/云南那邦/沈越

# 赤胸啄木鸟

Crimson-breasted Woodpecker

体长：18厘米　　居留类型：留鸟

　　**特征描述：**体型略小的黑白色啄木鸟。雄鸟枕部红色，雌鸟枕部黑色，部分个体颈侧亦有红至茶黄色的斑块，黑色颊纹宽而成条带向下延伸至下胸，胸中央有绯红色三角色块，两侧黑色缘，翼上有宽白色斑，臀红色。亚成鸟顶冠全红色，但胸无红色。

　　**虹膜**略红；**喙**暗灰色；**脚**近绿色。

　　**生态习性：**栖息于海拔1500-2750米的山地阔叶栎树林及杜鹃丛中，常栖于死树上，食花蜜及昆虫，有时与树林中层活动的鸟混群。

　　**分布：**中国见于西藏东南部雅鲁藏布江谷地至云南西北部、西部、中部和四川盆地周边以及秦岭山系、巫山、神农架地区。国外见于尼泊尔、缅甸及中南半岛北部。

雌鸟/四川都江堰/董磊

雄鸟/云南那邦/沈越

雄鸟/四川都江堰/董磊

雄鸟/西藏山南/李锦昌

# 黄颈啄木鸟
Darjeeling Woodpecker

体长：25厘米　居留类型：留鸟

特征描述：中型啄木鸟。具有黑、白、茶黄和红色，雄鸟枕部绯红色，雌鸟枕部黑色，脸前部污白色而向后渐变为浓茶黄色，并延伸至颈侧，有黑色颊纹，向下延伸形成颏至前胸的茶黄色块边缘，胸余部具密而粗的黑色纵纹，臀部淡绯红色，背全黑色，具宽的白色肩斑，两翼及外侧尾羽具成排的白色点。

虹膜红色；喙灰色而端黑色；脚近绿色。

生态习性：栖息于潮湿的成熟中山常绿阔叶林中，海拔1200-4000米，繁殖期有錾木声。取食于各个高度，偶与其他鸟种混群。

分布：中国分布于西藏南部（聂拉木县、樟木）和东南部以及云南中部（哀牢山）。国外见于尼泊尔至缅甸及中南半岛北部。

雌鸟/西藏/张永

幼年雌鸟/四川雅安/李锦昌

# 白背啄木鸟
White-backed Woodpecker

体长：25厘米　　居留类型：留鸟

　　特征描述：中型啄木鸟。身体具有黑、白、红色，雄鸟顶冠绯红色，雌鸟顶冠黑色，额白色，脸白色而具黑色颊线并延伸至颈侧，上背黑色，下背白色，臀部浅绯红色，两翼及外侧尾羽白色点形成黑白色横斑。北方群体下体白色而具黑色纵纹；来自四川盆地周围的个体腹中部染皮黄色；而来自台湾岛的个体腹中部近褐色。
　　虹膜褐色；喙黑色；脚灰色。
　　生态习性：栖于海拔1200-2000米落叶林及混交林山地，喜栖于老朽树木中，不甚畏人。
　　分布：中国分布于新疆北部和东北，并不连续地分布于青藏高原以东至台湾岛的广大地区。国外分布于从东欧横跨欧亚大陆温带地区至日本。

雄鸟/新疆布尔津/沈越

雄鸟/新疆布尔津/荀军

雄鸟/新疆阿勒泰/张国强

雌鸟/新疆阿勒泰/张国强

# 白翅啄木鸟
White-winged Woodpecker

体长：23厘米　居留类型：留鸟

　　特征描述：中型啄木鸟。身体具有黑、白、红三色，雄鸟枕部具狭窄红色带，雌鸟枕部全黑色，雄性幼鸟头顶全红色，胸部雪白色，无任何斑纹，两性臀部均为红色。
　　虹膜近红色；喙深灰色；脚灰色。
　　生态习性：栖于溪流边的胡杨林及天山山麓森林地带，高可至海拔2500米，春季錾木声响亮，常重复单音的刺耳尖叫声。飞行轨迹起伏呈波浪状，甚似大斑啄木鸟。
　　分布：中国见于新疆西部，包括喀什、准噶尔盆地并沿天山山麓东至罗布泊。国外见于里海至咸海、阿富汗。

雌鸟/新疆/张明

雄鸟/新疆/张永

雄鸟/新疆阿勒泰/张国强

# 大斑啄木鸟
Great Spotted Woodpecker

体长：24厘米
居留类型：留鸟

　　**特征描述：**中型啄木鸟。身体具有黑、白、红三色，雄鸟枕部具狭窄红色带，而雌鸟枕部全黑色，雄性幼鸟头顶全红色，近白色胸部两侧带黑色细纹，不染红色或橙红色，有别于相近的赤胸啄木鸟和棕腹啄木鸟，两性臀部均为红色。

　　虹膜近红色；喙深灰色；脚灰色。

　　**生态习性：**栖息于各种温带林区和北亚热带混交或次生林中，也见于农作区和城市园林绿地，具有典型的啄木鸟特性，平时多单独活动，繁殖季节成对占领一定面积的巢域。凿树洞营巢，取食昆虫及树皮下的蛴螬，也下至地面觅食蚂蚁，偶尔冒险袭击黄蜂的巢。秋冬季节也啄食挂在枝头的水果，或者啄食松子或橡子，甚至凿开槭树、杨树的树皮吸食富含糖分的汁液。

　　**分布：**中国分布最广的啄木鸟，见于从东北至华北直到西北的甘肃、宁夏，往南则遍及华中、华东、华南包括海南岛至西南。国外见于欧亚大陆的温带林区，并沿喜马拉雅山南坡至印度东北部，缅甸西部、北部和东部及东南亚北部。

成鸟/江西婺源/曲利明

大斑啄木鸟常下至地面觅食，尤其在秋冬季节/北京/沈越

刚出巢的幼鸟头顶灰而尾下不甚红/北京/杨华

幼雄，头顶红色而尾下不甚红/江西婺源/曲利明

# 三趾啄木鸟
Eurasian Three-toed Woodpecker

体长：23厘米　　居留类型：留鸟

　　特征描述：中等体型、具有黑白体色的啄木鸟。雄鸟头顶前部黄色，雌鸟则为灰白色，上背及背部中央白色，腰黑色，体羽无红色，生活于北方的个体下体污白色而有黑色细纹。产于西南横断山区的个体背部仅有小块白色于上背，下体黑褐色而点缀细密白色斑，足仅具三趾。
　　虹膜褐色；喙黑色；脚灰色。
　　生态习性：喜成熟云杉林及亚高山桦树林，环树干錾圈以取食树液，往往由于在桦树上留下的大量成排錾孔而暴露行迹。
　　分布：中国见于东北、新疆西北部和西部以及喜马拉雅山南坡至横断山地区，包括青海东部至川西和滇西北，也见于甘肃东南部。国外广布于全北界森林中。

产于西南地区的雄鸟/四川瓦屋山/郑建平

雌鸟/新疆乌鲁木齐/邢睿

雄鸟/新疆乌鲁木齐/邢睿

# 栗啄木鸟
Rufous Woodpecker

体长：21厘米　　居留类型：留鸟

　　特征描述：中型啄木鸟。周身栗褐色带黑色横斑，两翼及上体具整齐黑色横斑，下体横斑较为模糊。雄鸟眼下和眼后部各具一红色斑。
　　虹膜红色；喙黑色；脚褐色。
　　生态习性：喜低海拔的开阔林地、次生林、林缘地带、园林及人工林，叫声连续，錾木声短而渐缓。
　　分布：中国分布于西南至华南一带，包括海南岛。国外见于南亚至东南亚。

雌鸟/福建福州/郑建平

交配/福建福州/曲利明

雄鸟/云南/吴廖富美

# 白腹黑啄木鸟
## White-bellied Woodpecker

保护级别：国家II级　　体长：42厘米　　居留类型：留鸟

特征描述：体型庞大的黑白色啄木鸟。雄鸟具红色冠羽及颊斑（部分亚种雄性无红色颊斑），雌鸟头全黑色，上体及胸黑色，腹白色。

虹膜黄色；喙角质灰色；脚灰蓝色。

生态习性：喜栖息于开阔低地森林中，包括红树林，常单独活动，取食于不同高度。錾啄声响亮，飞行中大声鸣叫。

分布：中国见于四川西南部和云南南部，为极其罕见的留鸟。国外分布于南亚、东南亚。

雄鸟/云南西双版纳/冯利民

# 黑啄木鸟
Black Woodpecker

体长：46厘米
居留类型：留鸟

特征描述：全黑色的大型啄木鸟。喙色浅，雄鸟头顶全红色，雌鸟仅枕部有红色，见于横断山区的个体，其头及颈部染绿色光泽。

虹膜近白色；喙象牙色；脚灰色。

生态习性：在北方见于低地至山地森林中，在青藏高原东缘见于海拔2000米以上针叶林中。飞行扑翼缓慢，取食时在朽木或者大树干上挖洞，主食蚂蚁，也下至地面活动，常发出响亮的錾木声，持续2-3秒，连续的叫声响亮尖利，数里外可闻。

分布：中国见于新疆阿尔泰山区、东北、华北以及青藏高原东缘。国外分布于欧洲至亚洲西南部、西伯利亚及日本。

新疆阿勒泰/Craig Brelsford大山雀

雄鸟/新疆布尔津/沈越

雄鸟/新疆阿勒泰/张国强

雌鸟/新疆布尔津/肖克坚

只有极粗大的老树才能为黑啄木鸟提供营巢的环境/新疆/张浩

# 黄冠啄木鸟
Lesser Yellownape

体长：26厘米　　居留类型：留鸟

特征描述：中等体型的绿色啄木鸟。黄色羽冠，枕部冠羽具蓬松的黄色羽端，雄鸟脸部具红色眉纹、颊纹及白色颊线。雌鸟仅顶冠两侧带红色，头余部、下颏至颈部暗绿色，背及翼覆羽亮绿色，两胁具灰白色相间横斑，飞羽黑色。
虹膜红色；喙灰色；脚趾灰色。
生态习性：栖息于海拔800-2000米亚热带山地阔叶林中，小群或单独跟随混合的大鸟群活动，喜发出叫声。
分布：中国见于西藏东南部、云南西部及南部，福建和海南岛。国外分布于喜马拉雅山脉至东南亚。

雄鸟/云南那邦/沈越

雄鸟/福建将乐/郑建平

雌鸟/福建武夷山/林剑声

# 大黄冠啄木鸟
Greater Yellownape

体长：34厘米
居留类型：留鸟

　　特征描述：大型啄木鸟。全身绿色为主并具有明显黄色羽冠，雄鸟喉黄白色，雌鸟喉棕褐色，头顶、脸颊至腹部灰色，头顶无红色而区别于黄冠啄木鸟，飞羽具黑色及褐色横斑，体羽余部绿色，尾黑色。
　　虹膜近红色；喙绿灰色；脚绿灰色。
　　生态习性：栖息于海拔800-2000米的亚热带山地森林中，活跃而常发出叫声，有时以小家族为群活动。
　　分布：中国见于西藏东南部至云南西部和东南部、四川南部，也见于福建中部、广西南部至海南岛。国外分布于喜马拉雅山脉至东南亚。

雄鸟/云南瑞丽/翁发祥

雌鸟/海南/赵亮

# 鳞喉绿啄木鸟
Streak-throated Woodpecker

体长：29厘米
居留类型：留鸟

　　特征描述：中等体型、全身以绿色为主的啄木鸟。雄鸟顶冠红色，雌鸟顶冠黑色，眉纹和颊纹白色，颊灰色，胸腹和两胁羽毛灰白色而具绿色边缘和羽轴，进而排列成鳞状斑。

　　虹膜粉白色而内圈红色；喙侧黄色，余部灰黑色；脚淡灰绿色。

　　生态习性：领域性甚强，多取食蚂蚁及白蚁。

　　分布：中国见于云南西部，因栖息地丧失现已非常罕见。国外分布于喜马拉雅山脉南坡、印度至东南亚。

西藏山南/李锦昌

西藏山南/李锦昌

# 鳞腹绿啄木鸟
Scaly-bellied Woodpecker

体长：35厘米　　居留类型：留鸟

特征描述：体型较大的绿色啄木鸟。雄鸟头顶及羽冠绯红色，眉纹宽，近白色，颊近白色，髭须黑色，腰黄色。雌鸟色暗，顶冠黑色而杂灰色，下体浅色而黑色鳞状纹明显，使其区别于其他类似的绿色啄木鸟，尾羽黑色并具白色横斑，有别于花腹绿啄木鸟及鳞喉绿啄木鸟。

虹膜红色至粉色；喙角质黄色，端灰色；脚黄绿色。

生态习性：飞行起伏如其他啄木鸟，取食于树上及地上，成对或以家族群活动。

分布：中国仅记录见于西藏南部的局部地区(吉隆县)。国外见于巴基斯坦、印度北部及喜马拉雅山脉。

雌鸟/西藏吉隆/顾莹

雄鸟/西藏吉隆/顾莹

雄鸟/西藏吉隆/肖克坚

# 灰头绿啄木鸟

Grey-headed Woodpecker

体长：27厘米
居留类型：留鸟

　　特征描述：中型啄木鸟。全身绿色而头部灰色，雄鸟前顶冠猩红色，眼先及狭窄颊纹黑色。雌鸟顶冠灰色，或具黑色条纹乃至全为黑色，眼先和颊纹如雄鸟。雌雄鸟的枕部均黑色，颊及喉均全灰色，上体绿色，胸至上腹灰色，两胁后部略染绿色，尾下覆羽灰色，飞羽和尾羽色深或染绿色，飞羽有白色斑而尾羽有深色横斑。

　　虹膜红褐色；喙近灰色；脚蓝灰色。

　　生态习性：常活动于小片林地及林缘，亦见于大片林地和城镇绿地。春季常发出连续响亮的叫声，有时下至地面寻食蚂蚁。

　　分布：中国广泛分布于全国各地。国外分布于欧亚大陆、印度及东南亚。

雄鸟/新疆阿勒泰/张国强

雌鸟/新疆北屯/杨玉和

雌鸟（右）雄鸟（左）/北京/杨华

亲鸟回巢喂雏鸟/辽宁/张明

雄鸟/新疆阿勒泰/张国强

雌鸟/新疆阿勒泰/张国强

两只雄鸟遭遇，可能会产生摩擦/江西婺源/曲利明

# 大金背啄木鸟
Greater Flameback

体长：31厘米
居留类型：留鸟

　　**特征描述：**背部金黄色的啄木鸟。体型较大。极似金背三趾啄木鸟，黑色颊线自喙基不远处分成两岔，又延伸至颈侧汇合，足具四趾而非三趾。雌鸟顶冠黑色具白色点斑，不同于金背三趾啄木鸟雌鸟的白色条纹。

　　虹膜浅黄色；喙灰色；脚黑色。

　　**生态习性：**喜开阔的林地及林缘，成对活动，能发出很响的錾木声。

　　**分布：**中国边缘性地见于云南南部、西南部及西藏东南部。国外分布于南亚至东南亚。

雄鸟/云南那邦/董磊

雌鸟/云南那邦/董磊

# 竹啄木鸟
Pale-headed Woodpecker

体长：25厘米　　居留类型：留鸟

特征描述：中型啄木鸟。身体红褐色，产于中国东南部的个体，雄鸟前顶至枕部玫红色而染橘黄色，雌鸟头部全为淡黄色，头至上胸色浅而上体纯红褐色，少黑色横斑而区别于黄嘴栗啄木鸟，尾红褐色具浅栗色横斑，下体深橄榄绿色。产于云南南部和西南部的个体，雄性头顶及枕红色，头部橄榄黄色，上体黄绿色，尾黑色而基部橄榄色，下体橄榄褐色。

虹膜褐色；喙蓝白色；脚橄榄色。

生态习性：喜高大的竹林及次生林，高可至海拔1000米。

分布：中国分布于东南部、云南南部、西南部和极西部。国外见于尼泊尔沿喜马拉雅山南麓至缅甸北部及中南半岛北部。

雌鸟/福建/张明

雌鸟/云南/王尧天

雄鸟/云南/杨华

# 黄嘴栗啄木鸟

Bay Woodpecker

体长：30厘米
居留类型：留鸟

特征描述：周身赤褐色的啄木鸟。雄鸟颈侧及枕具绯红色块斑，体羽赤褐色具黑色斑，与竹啄木鸟区别在于喙长而多黄色，体羽具黑色横斑，与栗啄木鸟区别在于喙色浅而横斑更显浓。海南岛特有的亚种*hainanus*背及臀部无黑色横斑。

虹膜红褐色；喙淡绿黄色；脚褐黑色。

生态习性：生活在海拔500-2200米的常绿阔叶林中，不錾击树木。

分布：中国分布于西藏东南部至云南西部、南部的亚热带地区，也见于东南、华南和海南岛。国外分布于尼泊尔沿喜马拉雅山南坡至东南亚。

雌鸟/福建龙栖山/董磊

来源不明的个体近年被记录于天津和北京/天津/崔建宁

雄鸟/福建福州/田三龙

# 长尾阔嘴鸟

Long-tailed Broadbill

保护级别：国家II级
体长：24厘米
居留类型：留鸟

　　特征描述：全身亮绿色的阔嘴鸟。额、眼后和下喉形成黄色三角区域，后枕蓝灰色，耳部具黄色点斑，其他头部区域黑色，背部和两翼及腰部亮绿色，翼尖黑色，下腹蓝绿色，尾蓝色，楔形。
　　虹膜褐色；喙黄绿色；脚黄绿色。
　　生态习性：栖息于热带和南亚热带的中低海拔常绿阔叶林中，多活动于植被繁茂、林下发育完整的溪流和河谷附近，喜集群活动。
　　分布：中国分布于云南的西部、南部和东南部，贵州南部以及广西西南部。国外分布于喜马拉雅山南麓、苏门答腊以及加里曼丹。

幼鸟/台湾/吴崇汉

云南/张明

# 银胸丝冠鸟
## Silver-breasted Broadbill

保护级别：国家II级　　体长：17厘米　　居留类型：留鸟

特征描述：全身灰棕色的阔嘴鸟。头具宽阔的黑色贯眼纹，头至上背灰色染棕色，下背至腰棕红色，前胸银灰色，腹部白色，翼上具大块蓝色和橘黄色块斑，尾黑色，两侧白色。雌鸟似雄鸟，但上胸具一条醒目的细白色横带。

虹膜褐色；喙蓝灰色，基部橙黄色；脚黄绿色。

生态习性：多集小群活动于热带和南亚热带中低海拔森林中，也见于林缘、开阔地的大树中层及林下。

分布：中国分布于西藏东南部，云南的西部、南部和东南部，广西西南部以及海南岛。国外分布于喜马拉雅山南麓、马来半岛以及苏门答腊。

云南/吴威宪

云南/吴威宪

云南/吴威宪

# 绿胸八色鸫

Hooded Pitta

保护级别：国家II级
体长：18厘米
居留类型：夏候鸟、迷鸟

　　特征描述：胸部绿色的小型八色鸫。头黑色具淡色眼圈，顶冠纹细且呈黑褐色，宽阔的侧冠纹棕色延至枕后，其余体色绿色，翼上小覆羽具蓝绿色闪斑，下腹及尾下覆羽红色，上腹中央具一黑褐色斑。雌雄相似。

　　虹膜黑色；喙黑色；脚粉色。

　　生态习性：主要栖息于中低海拔的热带雨林、次生林和竹林灌丛等生境，喜爱在阴湿林下活动和觅食，部分种群有迁徙习性。

　　分布：中国繁殖于云南南部和东南部以及西藏东南部，迷鸟见于宁夏、四川和台湾岛。国外分布于喜马拉雅南麓、印度东北部、尼科巴岛、菲律宾、苏拉威西岛、大巽他群岛以及新几内亚岛。

台湾/吴崇汉

台湾/吴崇汉

云南西双版纳/肖克坚

# 仙八色鸫

Fairy Pitta

保护级别：国家II级　IUCN：易危
体长：20厘米
居留类型：夏候鸟、旅鸟、迷鸟

　　特征描述：具有乳黄色眉纹的、色彩艳丽的八色鸫。头具较粗的黑色贯眼纹，眉纹细而呈乳白色，侧顶纹宽而棕色，顶冠纹黑色，上背翠绿色，腰、尾尖及翼蓝色，喉至下体淡黄白色，尾下覆羽至上腹红色。雌雄体色相似。
　　虹膜褐色；喙黑色；脚肉粉色。
　　生态习性：栖息于繁茂的热带和亚热带森林中，也偶见于林缘和灌丛，多成对或单独活动，取食于地面，是中国分布最广的八色鸫。
　　分布：中国繁殖于北至河北、西至湖北西部、南至云南南部一线东侧的各省，包括台湾岛和海南岛，最北也偶见于辽宁，迁徙季多见于河北至华东一线沿海，迷鸟见于甘肃。国外繁殖于日本、朝鲜半岛，越冬于婆罗洲。

河南/张明

所有八色鸫都常于林下地面落叶堆中觅食，均喜郁闭度高的原生生境/台湾/吴崇汉

正在搜集巢材。八色鸫在地面掘洞为巢，繁殖期间极易受到惊扰/河南董寨/赵钢

# 蓝翅八色鸫
Blue-winged Pitta

保护级别：国家II级
体长：19厘米
居留类型：夏候鸟、旅鸟、迷鸟

　　特征描述：具有茶褐色眉纹、色彩靓丽的八色鸫。头具宽阔的黑色眼罩，顶冠纹细且为黑色，侧顶纹皮黄色，上背翠绿色，翼具大块蓝紫色闪斑，喉乳白色，胸腹肉桂红色，尾下覆羽至上腹红色。雌雄体色相似。

　　虹膜黑褐色；喙黑色；脚肉褐色。

　　生态习性：栖息于热带雨林、灌丛和小树丛中，多单独活动，多在地面取食，停歇时也常上树。

　　分布：中国繁殖季见于云南极南部，迁徙季节见于广东，迷鸟见于台湾岛。国外繁殖于中南半岛，越冬于马来半岛、苏门答腊岛和加里曼丹岛。

深圳红树林/王军

偶然出现的深圳公园中的这只蓝翅八色鸫为拍摄者提供了极为难得的机会/深圳红树林/王军

广东/陈久桐

云南/吴崇汉

# 褐背鹟鵙

Bar-winged Flycatcher-shrike

体长：14厘米　居留类型：留鸟

特征描述：小型的鹊色鹟鵙。雄鸟头黑色，背黑褐色，翅具白色宽阔翼斑，腰部白色，喉至尾下覆羽淡灰褐色，尾楔形且两侧白色。雌鸟似雄鸟，但雄鸟的黑色部位为灰褐色。

虹膜棕色；喙黑色；脚黑色。

生态习性：栖息于2000米左右及以下的山地阔叶林、雨林、针阔混交林中，也见于林缘和灌丛，非繁殖季常成群活动于林地中上层。

分布：中国见于西藏东南部，云南西部、南部和东南部，贵州中部和南部，广西西南部。国外分布于印度、喜马拉雅山南麓、中南半岛、苏门答腊、婆罗洲。

雄鸟/云南普洱/王昌大

雄鸟/云南瑞丽/廖晓东

雄鸟/云南西双版纳/李锦昌

# 钩嘴林䳭
Large Woodshrike

体长：20厘米
居留类型：留鸟

特征描述：喙带钩的灰褐色林䳭。雄鸟头顶至颈背灰色，具宽阔的黑色眼罩，喙似伯劳带钩，下颊和喉白色，上体棕褐色，腰白色，胸淡棕色，下腹白色，尾棕色。雌鸟头顶和颈背与上体同色，且眼罩颜色较淡。

虹膜褐色；喙黑色；脚灰黑色。

生态习性：栖息于丘陵、平原等低海拔常绿阔叶林、雨林、季雨林中，也见于果园、苗圃和公园等生境，常成对或小群活动，觅食于林地的中上层。

分布：中国见于云南、贵州、广西、广东、福建以及海南岛等南方各省。国外分布于南亚、中南半岛和大巽他群岛。

福建/曲利明

雄鸟/福建/曲利明

# 灰燕鵙
Ashy Woodswallow

体长：18厘米　居留类型：留鸟

特征描述：体型似燕的灰色鸟类。通体深灰色，喙尖长而粗壮，腰、下腹和尾端白色，胸至腹部粉黄色。
虹膜红褐色；喙蓝灰色；脚灰黑色。
生态习性：栖息于中低海拔的丘陵、平原等开阔地带，多集群活动，有时能成近百只的大群，飞行觅食。
分布：中国见于云南、广西、广东、香港及海南岛。国外分布于南亚、中南半岛。

云南/吴威宪

云南盈江/肖克坚

灰燕鵙并不排斥桉树这样的外来树种，桉树空阔的树冠为其空中巡猎提供了方便/广西/杨华

# 黑翅雀鹎
Common Iora

体长：14厘米
居留类型：留鸟

特征描述：翅黑色的黄绿色雀鹎。雄鸟额及眼以上墨绿色，上背至尾墨绿色，翼黑色具两道宽白色翅斑，喉至下腹及尾下覆羽明黄色。雌鸟似雄鸟，但上背绿色偏淡。

虹膜灰白色；喙蓝灰色；脚蓝灰色。

生态习性：栖息于中低海拔阔叶林、林缘，也见于果园、公园、红树林等生境，常单独或成对活动，有时也成小群。

分布：中国见于云南极西南部。国外分布于南亚、中南半岛和大巽他群岛。

云南西双版纳/王昌大

雀鹎通体的绿色为其提供了良好的掩护，所有雀鹎都活动于树冠/云南西双版纳/沈越

# 大绿雀鹎
Great Iora

体长：16厘米　居留类型：留鸟

特征描述：体型较大的橄榄绿色雀鹎。雄鸟头顶至上背及尾上覆羽深橄榄绿色，腰部稍淡，下体明黄色。雌鸟橄榄绿色部分为浅橄榄色，雌雄均无翼斑。

虹膜灰色；喙峰黑色，其余蓝灰色；脚蓝灰色。

生态习性：多单独或成对活动于低海拔丘陵或平原的林缘地带，也见于竹林和灌丛中，多活动于林木中上层。

分布：中国分布于云南极南部。国外分布于中南半岛和马来半岛。

云南西双版纳/李锦昌　　　　　　　　　　　　　　　　　　　　　　　　云南西双版纳/沈越

云南西双版纳/李锦昌

# 大鹃鵙
Large Cuckooshrike

体长：30厘米
居留类型：留鸟

特征描述：灰黑色的大型鹃鵙。雄鸟额至头顶、上背和两翼灰色，飞羽近黑色，腰部颜色稍淡，脸罩黑色延至喉部，胸灰色，腹部至尾下覆羽白色，尾灰色而两侧黑色。雌鸟似雄鸟但体色较淡，两胁具横斑。

虹膜红色；喙角质色；脚灰黑色。

生态习性：多单独或成小群栖息于中低海拔的丘陵和低山林地，也见于林缘地带和开阔的常绿阔叶林中，多活动于林地的树冠层。

分布：中国分布于云南、贵州、广西、广东、香港、福建以及海南岛和台湾岛。国外分布于南亚、喜马拉雅山脉和东南亚、新几内亚和澳大利亚。

西藏山南/李锦昌

云南腾冲/王昌大

# 暗灰鹃鵙
Black-winged Cuckooshrike

体长：22厘米　居留类型：留鸟、夏候鸟、冬候鸟

特征描述：全身灰黑色的鹃鵙。雄鸟上体蓝灰色而具深色眼先，下体颜色相近而稍淡，两翼黑色而泛光泽，尾黑色呈楔形且两侧端斑白色。雌鸟似雄鸟而整体颜色稍淡，两胁和胸侧具横斑。

虹膜红色；喙黑色；脚黑色。

生态习性：栖息于中低山以及平原、丘陵地区的开阔林地或林缘，也见于人工林、次生林等多种林型，活动于树冠层。

分布：中国留鸟见于西藏东南部、云南西部和南部以及海南岛，夏候鸟见于华北、华中、华东、西南以及华南大部，冬候鸟见于华南、香港和台湾岛。国外分布于喜马拉雅山脉、东南亚。

云南瑞丽/董磊

四川绵阳/王昌大

四川绵阳/王昌大

# 粉红山椒鸟
Rosy Minivet

体长：20厘米　　居留类型：夏候鸟、留鸟

特征描述：粉红色的山椒鸟。雄鸟头灰色，极细的白色眉纹有时染红色，上背灰褐色，腰及翼斑红色，尾羽两侧红色，胸至下腹粉红色，喉白色。雌鸟头灰色而喉白色，背灰褐色，翼斑和两侧尾羽明黄色，腰、腹部浅黄色。

虹膜黑褐色；喙黑色；脚黑色。

生态习性：栖息于中低海拔森林中，尤其喜好林缘、开阔林地和田边疏林，多活动于林地中上层，非繁殖季常集大群活动。

分布：中国分布于重庆西南部、四川南部、云南、贵州、广西、广东以及海南岛。国外繁殖于喜马拉雅山脉和东南亚北部，越冬于印度和东南亚。

雄鸟/云南/董江天

# 小灰山椒鸟

Swinhoe's Minivet

体长：18厘米　　居留类型：夏候鸟、旅鸟

　　特征描述：污灰色的小型山椒鸟。雄鸟通体深灰色，头顶前部及前额白色，下颊至喉至胸腹白色而有时染污，两翼黑色，腰羽和尾上覆羽浅黄色，中央尾羽黑色，其余白色，具一道白色或皮黄色翼斑。雌鸟似雄鸟但更显褐色，白色前额和翼斑有时不显。
　　虹膜黑褐色；喙黑色；脚黑色。
　　生态习性：多成对或集小群栖息于低山丘陵和平原地带的林地、灌丛中，也见于次生林和人工林中，觅食于乔木的中上层。
　　分布：中国见于华中和华东以南各省包括海南岛，迷鸟见于台湾岛。国外越冬于东南亚。

雄鸟/四川都江堰/董磊

# 灰山椒鸟
Ashy Minivet

体长：19厘米
居留类型：夏候鸟、冬候鸟、旅鸟

特征描述：灰黑色的小型山椒鸟。雄鸟头顶至后枕包括贯眼纹黑色，上体及腰灰色，两翼和尾羽灰黑色，两翼具一道白色翼斑，额、下颊和喉以及下体白色。雌鸟与雄鸟相似，但黑色部位为灰色，眼先黑色。

虹膜黑褐色；喙黑色；脚黑色。

生态习性：栖息于低海拔林地，繁殖季见于阔叶林和针阔混交林中，迁徙季节见于多种生境，多成群活动于树冠层，飞行呈波浪状。

分布：中国繁殖于东北，迁徙经华北、华东和华南，在云南极南部和台湾岛有越冬群体。国外繁殖于东北亚，越冬于菲律宾以及大巽他群岛。

鳞翅目昆虫的幼虫是山椒鸟喜爱的食物/雌鸟/山东/宋晔

雌鸟/山东大黑山岛/沈越

# 灰喉山椒鸟

Grey-chinned Minivet

体长：18厘米
居留类型：留鸟

　　特征描述：红灰色的小型山椒鸟。雄鸟头、颈背、耳羽以及上喉部深灰色，背部灰褐色，翼黑色具"┐"型红色翼斑，下喉至下腹以及腰红色，中央尾羽黑色，其余红色。雌鸟似雄鸟而红色部位为黄色，眼先和额不染黄色。

　　虹膜黑褐色；喙黑色；脚黑色。

　　生态习性：主要栖息于阔叶林和针阔混交林，有时也见于针叶林中，多集小群活动于树冠层，也见与其他山椒鸟混群。

　　分布：中国分布于长江以南，包括海南岛和台湾岛的适宜生境。国外分布于喜马拉雅山脉中段和东段、东南亚。

注意其翼斑形状/雄鸟/福建将乐/张国强

雌鸟/福建福州/姜克红

雌鸟/江西鹰潭/曲利明

注意其翼斑形状/雌鸟/福建福州/张浩

雄鸟/福建福州/张浩

# 长尾山椒鸟
Long-tailed Minivet

体长：19厘米
居留类型：夏候鸟、留鸟

　　**特征描述：**红黑色小型山椒鸟。雄鸟腰、翼斑、胸腹及两侧尾羽红色，其余部分黑色泛蓝色光泽，下腹色浅，翼斑呈"Π"形。雄鸟的红色部分在雌鸟身上表现为黄色，翼及中央尾羽黑色，上背及头灰色染黄色，喉白色，额染黄色。
　　虹膜黑褐色；喙黑色；脚黑色。
　　**生态习性：**见于常绿阔叶林、落叶阔叶林、针阔混交林甚至针叶林、林缘灌丛、平原疏林等多种生境，多成小群活动，觅食于树冠层。在中高海拔山地森林繁殖，迁徙时也见于低地。
　　**分布：**中国分布于西南各省，向北至陕西、山西、河北等省份，迷鸟至台湾岛。国外分布于中亚沿喜马拉雅山脉至东南亚。

雄鸟/云南/田穗兴

注意其翼斑形状/云南腾冲/沈越

# 短嘴山椒鸟
Short-billed Minivet

体长：19厘米　居留类型：夏候鸟

特征描述：小型的红黑色山椒鸟。雄鸟腰、翼斑、胸腹及两侧尾羽红色，其余部分黑色且泛蓝色光泽，下腹色浅，似长尾山椒鸟但翼斑呈"ㄱ"形。雄鸟的红色部分在雌鸟身上表现为黄色，翼及中央尾羽黑色，上背及头灰色染黄色，喉白色染黄色，额至头顶以及脸颊染黄色。

虹膜黑褐色；喙黑色；脚黑色。

生态习性：繁殖季见于中高海拔的山地阔叶林、针阔混交林和针叶林中，非繁殖季下迁，常成群活动，同其他山椒鸟一样觅食于树冠层。

分布：中国分布于四川南部、云南、贵州、广西和广东大部。国外分布于喜马拉雅山脉和中南半岛北部。

雄鸟/四川小金/董磊

注意其额上黄色区域/雌鸟/西藏/张永

注意其额上黄色区域/雌鸟/云南/张永

# 赤红山椒鸟
Scarlet Minivet

体长：20厘米
居留类型：留鸟

　　**特征描述**：小型的红黑色山椒鸟。雄鸟胸腹、腰羽、翼斑及两侧尾羽红色，其余蓝黑色，翼斑呈"刁"形。雄鸟的红色部分在雌鸟身上表现为黄色，头顶至上背灰色，前额脸颊橙黄色。

　　虹膜黑褐色；喙黑色；脚黑色。

　　**生态习性**：多栖息于中低海拔的丘陵和平原地带的阔叶林、雨林以及季雨林中，也见于针阔混交林、针叶林以及灌丛中。非繁殖季常集群活动于树冠层。

　　**分布**：中国分布于西藏东南、云南、贵州、湖南、广西、广东、福建以及海南岛。国外分布于印度、斯里兰卡、喜马拉雅山脉、菲律宾以及大巽他群岛。

注意其额部染黄及翼斑形状/雌鸟/福建/张永

注意其翼斑形状/雌鸟/福建福州/郑建平

雄鸟/福建福州/郑建平

雌鸟/福建福州/曲利明

雌鸟/福建福州/郑建平

# 虎纹伯劳
Tiger Shrike

体长：18厘米　　居留类型：夏候鸟、冬候鸟、旅鸟

特征描述：灰色和栗色为主的小型伯劳。雄鸟头顶至枕后灰色，具黑色眼罩，上背栗棕色具黑色鳞状斑，颏、喉、下颊、胸腹和尾下覆羽白色，尾上覆羽栗色。雌鸟似雄鸟但显暗淡，眼罩自眼先黑色渐浅，下体多染皮黄色，两胁具黑色细横纹。
虹膜褐色；喙角质色；脚黑色。
生态习性：栖息于低山和平原的森林、林缘及灌丛中，喜开阔林地，多单独或成对活动。
分布：中国广泛繁殖于东北至西南各省区，北起黑龙江，西至四川盆地西缘，南至珠江流域的广阔区域，越冬于云南、两广、福建等地，迁徙季节见于台湾岛。国外繁殖于东亚，冬季至东南亚越冬。

雄鸟/四川成都/杨金

雌鸟/江苏/宋晔

幼鸟/台湾/林月云

雌鸟/河南董寨/孙驰

雌鸟/四川都江堰/董磊

# 牛头伯劳
Bull-headed Shrike

体长：19厘米
居留类型：夏候鸟、冬候鸟、旅鸟

　　特征描述：灰色和红色为主的小型伯劳。雄鸟头顶至后颈栗红色，具黑色眼罩和白色眉纹，背及尾上覆羽灰色，两翼偏黑色，具白色翼斑，下颊至下体偏白色而具不明显横斑，两胁染栗红色。雌鸟似雄鸟但头背部褐色较重，眼罩为褐色，胸腹部横斑更明显。
　　虹膜黑褐色；喙灰黑色；脚灰黑色。
　　生态习性：多单独或成对活动于林缘、开阔林地、公园以及灌丛中，习性似其他伯劳。
　　分布：中国繁殖于东北和华北地区，迁徙时见于华中和长江流域西至四川，越冬于南部、东南部，包括台湾岛。国外繁殖于东北亚，包括俄罗斯远东地区、朝鲜半岛及日本。

雄鸟/北京/沈越

雌鸟/江西婺源/林剑声

雄鸟/福建福州/张浩

雄鸟/福建福州/张浩

# 红尾伯劳
Brown Shrike

体长：20厘米　居留类型：夏候鸟、冬候鸟、旅鸟、留鸟

　　**特征描述**：中等体型的纯褐色或灰褐色伯劳。具黑色眼罩和细白色眉纹，头顶至枕部灰色或红褐色，上背棕褐色，两翼黑褐色，尾上覆羽红褐色，颏、喉至下体白色，部分个体两胁具细横纹。雌鸟似雄鸟但颜色较暗淡，眼罩褐色。

　　虹膜黑褐色；喙黑色；脚铅灰色。

　　**生态习性**：栖息于中低山地的疏林、林缘及灌丛中，喜开阔地带，活动于林地的中高层。

　　**分布**：中国繁殖于东北、华北、华中、华东、西南以及华南的大部分地区，越冬于西南和华南地区，包括台湾岛和海南岛。国外繁殖于东亚和东北亚，越冬至印度、东南亚以及新几内亚岛。

成鸟/云南腾冲/董磊

成鸟/辽宁/张明

成鸟/辽宁盘锦/沈越

红尾伯劳可在空中或地面捕食昆虫/福建福州/张浩

迁徙时红尾伯劳见于各种生境/幼鸟/河北/张永

# 红背伯劳

Red-backed Shrike

体长：18厘米
居留类型：夏候鸟、旅鸟

　　特征描述：灰色和黄棕色为主的小型伯劳。雄鸟头及后颈灰色，眼罩黑色，上背红棕色，两翼深褐色，具白色翼斑，颏喉及胸腹白色，胸侧及两胁染粉白色，尾黑白色。雌鸟似雄鸟但背部颜色较淡，眼罩褐色，颈侧、胸侧和两胁具鳞状横纹。

　　虹膜黑色；喙黑色；脚黑色。

　　生态习性：主要栖息于开阔原野和荒漠的疏林、林缘以及灌丛地带，多单独或成对活动，以昆虫、小鸟和两栖爬行类动物为食。

　　分布：中国分布于新疆北部，迷鸟至香港和台湾岛。国外分布于欧洲大陆经中东至中亚和东亚北部，越冬于南亚及北非。

雌鸟/新疆/张明

雄鸟/新疆阿勒泰/张国强

雄鸟/新疆布尔津/荀军

雌鸟/新疆阿勒泰/张国强

# 荒漠伯劳
Isabelline Shrike

体长：18厘米　　居留类型：夏候鸟

　　**特征描述：**小型的棕色伯劳。雄鸟头顶至上背沙棕色，具黑色眼罩，但眼罩在眼先和喙基之间隔开，眉纹细而呈白色，两翼黑褐色，初级飞羽基部具白色斑但不明显，下颊、颏、喉至下体白色，两胁染淡红棕色，尾红棕色。雌鸟似雄鸟但眼罩褐色，上体更偏灰色，翼斑不明显，颈侧、胸侧和两胁有时具不明显鳞状横纹。

　　虹膜黑色；喙黑色；脚灰黑色。

　　**生态习性：**多单独或成对栖息于旷野、干草场、荒漠和半荒漠的疏林、树丛及灌丛地带，习性同红背伯劳。

　　**分布：**中国分布于新疆、青海、甘肃、宁夏和内蒙古等地。国外分布于中东、中亚、南亚西北部和非洲东北部。

雄鸟/新疆巴音郭楞/李锦昌

雄鸟/新疆/吴世普

雌鸟/新疆奎屯/文志敏

# 棕尾伯劳
Rufous-tailed Shrike

体长：18厘米　　居留类型：夏候鸟

特征描述：小型的红棕色伯劳。雄鸟头顶至上背沙褐色，头顶颜色偏红棕色，具黑色眼罩和白色细眉纹，两翼黑褐色且初级飞羽基部具明显白色斑，下颊、额、喉至下体白色，两胁染淡红棕色，尾红棕色。雌鸟似雄鸟但眼罩褐色，上体更偏灰色，翼斑不明显，颈侧、胸侧和两胁具鳞状横纹。

虹膜黑色；喙黑色；脚灰黑色。

生态习性：栖息于荒漠和半荒漠的疏林、灌丛和树丛中，习性同荒漠伯劳。

分布：中国见于新疆西部和北部。国外分布于中亚、巴基斯坦、印度西北部。

雄鸟/新疆阿勒泰/张国强

雄鸟/新疆阿勒泰/张国强

雄鸟/新疆阿勒泰/张国强

0833

# 栗背伯劳
Burmese Shrike

体长：20厘米
居留类型：留鸟

　　特征描述：背部栗色的中型伯劳。雄鸟头顶至上背深灰色，前额黑色连至黑色眼罩，背和腰栗红色，两翼黑色，初级飞羽基部具白色点斑，尾羽中央黑色，两侧白色，下颊至下体白色，两胁染淡棕。雌鸟似雄鸟但显暗淡，额染白色。
　　虹膜红褐色：喙角质色，下喙基部肉色；脚灰黑色。
　　生态习性：栖息于中低海拔的丘陵、低山以及平原的开阔次生林、林缘及灌丛地带，常成对或单独活动，见于电线、树顶等视野开阔位置。
　　分布：中国见于云南大部、贵州南部、广西、广东以及香港。国外分布于印度东北部和中南半岛北部。

幼鸟/云南西双版纳/沈越

幼鸟/云南西双版纳/沈越

0834

# 棕背伯劳
Long-tailed Shrike

体长：25厘米　居留类型：留鸟

特征描述：体型较大的棕色伯劳。头顶至后颈灰色或黑色，具黑色眼罩，背和腰部棕红色，两翼棕黑色，初级飞羽基部具白色点斑，尾黑色，外侧具棕色羽缘，下颊至下体白色，两胁染棕红色。雌雄体色相近。深色型个体全身烟灰色至黑色，以眼罩、翅、尾等颜色尤深。

虹膜黑色；喙黑色；脚黑色。

生态习性：栖息于中低山的次生林、林缘以及开阔田野上，对人工生境有较强的适应性，也常见于公园、农田、校园、苗圃和草坪，性情凶猛，以昆虫、小鸟、小型两栖爬行类动物为食。

分布：中国见于黄河流域以南各省，包括台湾岛和海南岛；深色型见于湖北、浙江、福建、两广、香港和海南岛。国外分布于西亚、中亚、南亚、东亚南部以及东南亚和新几内亚。

常见于中国东南的黑色型个体/福建长乐/郑建平

见于云南大部的留鸟个体，颇不同于东部群体（见下图）/云南/张明

福建福州/曲利明

# 灰背伯劳

Grey-backed Shrike

体长：23厘米
居留类型：夏候鸟、冬候鸟、留鸟

　　特征描述：体型较大的灰、棕色伯劳。雌雄羽色相似，头顶至背部深灰色，眼罩黑色并具细白色眉纹，下颊至下体白色，两胁和腰红棕色，两翼黑色具浅棕色翼斑，尾上覆羽黑色染棕色。

　　虹膜黑色；喙灰黑色；脚黑色。

　　生态习性：繁殖季主要栖息于中高海拔的阔叶林、针阔混交林及其周边，常单独栖息于树枝尖端或电线上，冬季迁徙至南方或垂直迁移至低海拔农田、荒地等生境。

　　分布：中国见于甘肃、宁夏、青海、陕西、重庆、四川、贵州、云南、西藏等地。国外分布于喜马拉雅山地区，越冬于中南半岛。

伯劳喜停于荆棘上，有时它们将捕获的小型脊椎动物挂在棘刺上慢慢享用/成鸟/四川卧龙/董磊

幼鸟/云南瑞丽/沈越

幼鸟/四川若尔盖/董磊

成鸟/西藏/张永

# 黑额伯劳
Lesser Grey Shrike

体长：21厘米　　居留类型：夏候鸟

　　**特征描述**：中等体型的灰色伯劳。雄鸟头顶至上背灰色，两翼及尾黑色，初级飞羽基部有时白色斑可见，具黑色眼罩，至前额变宽，下颊和下体白色，两胁有时染浅棕色。雌鸟似雄鸟，但黑色眼罩染棕色。
　　虹膜黑色；喙黑色；脚黑色。
　　**生态习性**：主要栖息于有稀树和灌丛的草原，也见于开阔荒地和田野，喜站立于灌木顶端。
　　**分布**：中国见于新疆西北部和北部。国外分布于欧洲南部向东至中亚，越冬至非洲。

雄鸟/新疆石河子/徐捷

雄鸟/新疆/张永

亲鸟在向雏鸟喂食蝗虫/新疆阿勒泰/张国强

# 灰伯劳
Great Grey Shrike

体长：25厘米
居留类型：夏候鸟、冬候鸟

　　特征描述：体型较大的灰色伯劳。雄鸟头顶至上背灰色，腰灰白色，两翼黑色，初级飞羽基部具白色块斑，次级飞羽基部白色或不明显且羽端白色，具黑色眼罩和白色细眉纹，尾羽黑色，外侧白色，下颊至下体白色。雌鸟似雄鸟但更显暗淡。

　　虹膜黑褐色；喙黑色；脚黑色。

　　生态习性：栖息于低山丘陵、平原、沼泽、草场、苔原和荒漠等生境，常见于稀疏林地、灌丛和林缘，习性同其他伯劳。

　　分布：中国繁殖于新疆北部，越冬于西北、华北和东北地区。国外分布于欧亚大陆的中北部、非洲、日本以及北美。

成鸟/新疆阿勒泰/张国强

喙端的尖钩是所有伯劳共有的利器/新疆阿勒泰/张国强

# 草原灰伯劳
Steppe Grey Shrike

体长：25厘米
居留类型：夏候鸟

特征描述：体型较大的灰色伯劳。雄鸟似灰伯劳，但次级飞羽基部白色明显且内翈面积较外翈大，成鸟下体不具细横纹。

虹膜褐色；喙黑色；脚黑色。

生态习性：栖息于河谷、旷野、半荒漠地带的疏林、灌木和树丛中，习性类似于灰伯劳。

分布：中国见于宁夏、新疆东部和甘肃西北部。国外分布于蒙古、中亚南部、中东和非洲东北部。

成鸟/新疆阿勒泰/徐捷

成鸟/内蒙古/张明

# 楔尾伯劳

Chinese Grey Shrike

体长：28厘米
居留类型：夏候鸟、冬候鸟

　　**特征描述：**体型大而尾长的灰色伯劳。雌雄体色相似，上体灰色具黑色贯眼纹和细眉纹，两翼黑色具粗长的白色横纹，中央尾羽黑色，外侧白色，下颊至整个下体白色。
　　虹膜褐色；喙灰黑色；脚黑色。
　　**生态习性：**栖息于开阔的低山、平原、丘陵、草地、农田和荒地，多单独或成对站立于突兀的树枝、木桩或电线上。
　　**分布：**中国繁殖于黑龙江、吉林、辽宁、内蒙古、山西、陕西、宁夏、甘肃东部、青海、西藏东部以及四川北部，越冬于东北和华北沿海、江苏、浙江、上海、湖北、福建、广东、香港，迷鸟至台湾岛。国外繁殖于俄罗斯远东地区、朝鲜半岛和日本。

北京/沈越

北京/沈越

楔尾伯劳会"悬停"观察地面猎物/北京/张永

北京/张永

# 白腹凤鹛

White-bellied Erpornis

体长：12厘米
居留类型：留鸟

　　**特征描述**：小型的似凤鹛类绿色鸟。头部脸颊以上、上背和尾上覆羽橄榄绿色，具冠纹且有黑色羽轴纹，有白色眼圈，耳羽灰白色，喉至下腹污白色，尾下覆羽黄色。雌雄羽色相似。

　　虹膜褐色；喙肉褐色；脚粉褐色。

　　**生态习性**：多独自或成对活动于中低海拔山地森林中的河谷和溪流附近，取食于灌木顶端和树冠层，有时与其他小型鸟类混群。

　　**分布**：中国分布于西藏东南部、云南、贵州、广西、广东、香港，东至福建和台湾岛，南到海南岛。国外分布于喜马拉雅山南麓、中南半岛、马来半岛、苏门答腊以及婆罗洲。

海南/张明

云南/林剑声

# 棕腹鵙鹛

Black-headed Shrike Babbler

体长：20厘米　居留类型：留鸟

特征描述：胸侧具金黄色斑块的鹛类。喙显短粗而头大，雄鸟头颈、两翼及尾上覆羽辉黑色，上背至腰栗红色，两胁和下腹以及尾端栗色，胸侧染黄色，喉及胸腹灰白色。雌鸟似雄鸟但黑色部分较暗淡，头具灰色条纹，上背及尾上覆羽染橄榄绿色。

虹膜灰白色；上喙黑色，下喙角质色；脚粉褐色。

生态习性：常单独或成对活动于中高海拔山地的常绿阔叶林中，常和其他小型鹛类和莺类混群活动。

分布：中国见于西藏南部和东南部，云南西部和西北部。国外分布于喜马拉雅山中段和东段、缅甸北部以及越南北部。

雄鸟/西藏樟木/董江天

# 红翅鸡鹛

Blyth's Shrike Babbler

体长：17厘米　居留类型：留鸟

特征描述：翅上具有红色斑的鹛类。喙显短粗而头大，雄鸟头黑色，自眼后具一白色的长眉纹，上背灰黑色，翼黑色具橙红色三级飞羽，尾上覆羽黑色，颏、喉和整个下体灰白色，两胁染橙红色，尾下覆羽白色。雌鸟似雄鸟，但头与上背均灰色，其余雄鸟的黑色部分变为橄榄绿色，三级飞羽上橙红色较浅。

虹膜蓝灰色；喙蓝灰色；脚粉褐色。

生态习性：主要栖息于中高海拔的阔叶林和针阔混交林中，多单独或成对活动，非繁殖季也见于低山或平原、丘陵及林缘地带，有时与其他鹛类混群。

分布：中国见于西藏东南部、华中、西南以及华东南，岛屿种群见于海南岛。国外分布于巴基斯坦沿喜马拉雅山脉至中南半岛和马来半岛。

雄鸟/福建武夷山/林剑声

雌鸟/福建武夷山/林剑声

雄鸟/福建武夷山/林剑声

红翅鵙鹛比其他鵙鹛适应的生境类型更多，既栖于阔叶林，也栖于针叶林/雄鸟/福建武夷山/林剑声

雄鸟/西藏樟木/白文胜

# 淡绿鸡鹛
Green Shrike Babbler

体长：12厘米　居留类型：留鸟

　　特征描述：上体多为淡绿色的小型鹛类。喙显短粗，头大且灰黑色，具白色眼圈，上背橄榄绿色，两翼沾黑色，具一道黄绿色翼斑，尾上覆羽墨绿色，尾端浅色，额、喉至胸灰白色，至腹部逐渐变黄色，尾下覆羽黄色。雌雄颜色相似。
　　虹膜灰褐色；喙蓝角质色；脚粉色至灰褐色。
　　生态习性：栖息于中高海拔的山地针阔混交林或针叶林中，冬季下至中低海拔的山脚和丘陵地带，活动于森林中下层，更喜与雀鹛等鸟类混群。
　　分布：中国分布于西藏东南部、云南、四川、甘肃南部、陕西南部、湖北西部和重庆北部及东部，也见于江西和福建的武夷山地区。国外分布于巴基斯坦等地区。

西藏/张永

四川绵阳/王昌大

西藏樟木/董江天

四川绵阳/王昌大

# 栗喉鸡鹛
Black-eared Shrike Babbler

体长：11厘米　居留类型：留鸟

特征描述：色彩靓丽的小型鸟类。喙显短粗而头大，雄鸟头顶至上背橄榄绿色，眼先黑色，眼圈白色，具黑色贯眼纹延至耳羽后形成月牙纹，额黄色，颊至胸腹部明黄色，颏、喉及上胸栗色，枕至后颈蓝灰色，翼黑色，尖端白色，具两道白色翼斑，外侧尾羽黑色。雌鸟似雄鸟但颜色较暗淡，颏、喉栗色较淡，翼斑皮黄色。

虹膜红褐色；喙灰黑色；脚粉褐色。

生态习性：多单独或成对栖息于中高海拔的山地阔叶林中，常与其他小型鸟类混群，多见于林地中上层。

分布：中国见于西藏东南部，云南西部、西南部、南部和东南部。国外分布于喜马拉雅山中段和东段以及中南半岛、马来半岛。

雄鸟/云南瑞丽/廖晓东

雄鸟/云南瑞丽/廖晓东

雌鸟/云南保山/李锦昌

# 金黄鹂
Eurasian Golden Oriole

体长：25厘米
居留类型：夏候鸟

　　特征描述：中等体型的金色黄鹂。雄鸟眼先、两翼黑色，中央尾羽黑色，外侧尾羽大多为黑色具宽阔的黄色端斑，初级覆羽尖端具黄色，其余体色为鲜艳的亮黄色。雌鸟体色较暗淡而多橄榄色，下体具暗褐色纵纹。

　　虹膜红褐色；喙红色；跗跖灰黑色。

　　生态习性：多栖息于有高大疏林的开阔林地，常隐匿于茂密的树冠层，极少下地活动。

　　分布：中国分布于新疆北部和中部。国外繁殖于南欧至西西伯利亚、蒙古西部、西亚和中亚，越冬于分布区的南部及非洲。

雄鸟/新疆布尔津/沈越

雄鸟/新疆/吴世普

雄鸟/新疆阿勒泰/张国强

雌鸟来给雏鸟喂食。雌鸟背发绿而胸腹部多条纹，这也是多种黄鹂幼鸟的特征/新疆阿勒泰/张国强

# 细嘴黄鹂
Slender-billed Oriole

体长：25厘米
居留类型：留鸟

特征描述：枕部具有黑带的中等体型的金色黄鹂。似黑枕黄鹂但喙较细长，枕部黑带宽度较窄，显得头顶黄色区域较大，背部染橄榄色较多而呈橄榄黄色。

虹膜暗红色；喙粉红色；脚灰黑色。

生态习性：多栖息于开阔林地，见于阔叶林、针阔混交林和针叶林，分布海拔大部分地区较黑枕黄鹂高，以往曾作为黑枕黄鹂的一个亚种。

分布：中国分布于四川西南部、南部以及云南。国外分布于喜马拉雅山东部和中南半岛北部。

成鸟/云南腾冲/郭天成

成鸟/云南腾冲/王昌大

# 黑枕黄鹂
Black-naped Oriole

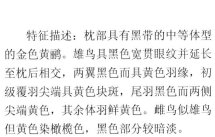

体长：25厘米
居留类型：夏候鸟、留鸟

　　特征描述：枕部具有黑带的中等体型的金色黄鹂。雄鸟具黑色宽贯眼纹并延长至枕后相交，两翼黑色而具黄色羽缘，初级覆羽尖端具黄色块斑，尾羽黑色而两侧尖端黄色，其余体羽鲜黄色。雌鸟似雄鸟但黄色染橄榄色，黑色部分较暗淡。
　　虹膜暗红色；喙粉红色；脚灰黑色。
　　生态习性：栖息于低山或平原的天然林、次生林以及人工林中，也见于农田、荒地、原野、公园以及湖滨的高大乔木上，多单独、成对或集小群活动，鸣唱声婉转动听。
　　分布：中国繁殖于东北、华北、华中至西南以东区域，留鸟种群见于云南南部、海南岛和台湾岛。国外分布于东亚、菲律宾、大巽他群岛。

雄鸟/台湾/吴崇汉

雌鸟/辽宁沈阳/孙晓明

# 黑头黄鹂
Black-hooded Oriole

体长：23厘米
居留类型：留鸟

　　**特征描述：**头为黑色的中等体型黄鹂。雄鸟头至上胸黑色，翼黑色而具黄色羽缘，初级覆羽尖端黄色，尾黑色而具黄色羽缘，其余体羽金黄色。雌鸟似雄鸟但金色染橄榄色。

　　虹膜暗红色；喙粉红色；脚灰黑色。

　　**生态习性：**栖息于低海拔的林缘、农田、荒地、疏树以及次生林的树冠层，习性同其他黄鹂。

　　**分布：**中国见于云南西部和西藏东南部。国外分布于印度、斯里兰卡、安达曼、中南半岛、马来半岛、苏门答腊和婆罗洲。

雄鸟/云南德宏/王昌大

雄鸟/云南/吴崇汉

雄鸟/云南/吴崇汉

# 朱鹂
Maroon Oriole

体长：25厘米　　居留类型：留鸟

特征描述：中等体型的栗红色鹂类。雄鸟头、颈至上胸辉黑色，两翼黑色无翼斑，其余体羽栗红色。雌鸟上背栗褐色，腰和尾上覆羽以及臀部栗红色，下体白色而具黑色纵纹。
虹膜黄白色；喙蓝灰色；脚铅灰色。
生态习性：栖息于平原、丘陵、山地森林等多种生境，见于阔叶林、混交林和针叶林等各种林地，多活动于树冠层。
分布：中国见于西藏东南部、云南东部、海南岛及台湾岛。国外分布于喜马拉雅山脉至中南半岛。

雌鸟/西藏聂拉木/王昌大

雄朱鹂婉转的鸣声胜似黄鹂/雄鸟/云南思茅/董磊

台湾的朱鹂色彩甚为红艳/云南/吴崇汉

# 鹊色鹂
Silver Oriole

保护级别：IUCN：易危
体长：25厘米
居留类型：夏候鸟

特征描述：身体银白色的中等体型的鹂类。雄鸟头、颈和上胸辉黑色，两翼黑褐色且无明显翼斑，尾上覆羽栗红色，臀部栗红色而具白色鳞状斑，其余体羽银灰色。雌鸟似雄鸟但颜色暗淡，上背深灰色，颏喉至下腹白色，具黑色纵纹。

虹膜黄白色；喙灰白色；脚铅灰色。

生态习性：栖息于中低海拔的天然林或次生阔叶林中，活动于树冠层，很少出现于人工林和林缘。

分布：中国分布于四川中南部、贵州、广西和广东北部。国外越冬于中南半岛。

鹊色鹂与其他所有鹂一样常匿身于高大阔叶乔木的树冠中/广东南岭/田穗兴

广东南岭/田穗兴

# 黑卷尾

Black Drongo

体长：28厘米
居留类型：夏候鸟、留鸟

　　**特征描述**：中等体型的蓝黑色卷尾。雌雄同色，通体黑色而泛蓝色光泽，尾长且尖端分叉。
　　虹膜暗红色；喙黑色；脚黑色。
　　**生态习性**：多栖息于低山、丘陵以及平原地带，常立于开阔地中的突兀树枝、电线之上，于空中捕食昆虫。
　　**分布**：中国繁殖于北起黑龙江、西至西藏东南部一线以东的适宜地区，留鸟种群见于云南南部、两广、香港、台湾岛和海南岛。国外分布于西亚至印度以及东南亚。

福建福清/姜克红

台湾/吴崇汉

江苏盐城/孙华金

江西南矶山/王揽华

西藏派镇/肖克坚

# 灰卷尾
Ashy Drongo

体长：28厘米
居留类型：夏候鸟、留鸟

　　特征描述：中等体型的灰色卷尾。雌雄羽色相似，全身体羽深灰色，分布区北部及东部的亚种环眼部具宽大的白色脸斑，西南部的亚种呈灰褐色，且无脸上的白色块斑。

　　虹膜暗红色；喙黑色；脚黑色。

　　生态习性：多成对或集小群栖息于山地疏林地带，喜停栖于树枝顶端，飞起捕食空中的昆虫，飞行时呈波浪状前行。

　　分布：中国分布于东北至西藏东南部一线以东的适宜生境，留鸟见于西南部以及海南岛，冬候鸟见于海南岛和台湾岛。国外分布于中亚经喜马拉雅山至南亚、东南亚。

西南部的亚种灰褐色西藏樟木/肖克坚

江西婺源/曲利明

云南/杨华

# 鸦嘴卷尾
Crow-billed Drongo

体长：27厘米　居留类型：夏候鸟

特征描述：中等体型的黑色卷尾。雌雄同色，全身体羽黑色而泛蓝绿色光泽，喙粗厚而似鸦类，尾分叉但不深。
虹膜暗红色；喙黑色；脚黑色。
生态习性：多栖息于开阔疏林、灌丛和林缘地带。
分布：中国分布于西藏东南部、云南西部和南部、广西以及海南岛。国外繁殖于喜马拉雅山脉南麓、印度东北部，以及中南半岛北部，越冬于分布区南部及东南亚。

西藏山南/李锦昌

# 古铜色卷尾
Bronzed Drongo

体长：23厘米　居留类型：留鸟

特征描述：体型稍小的蓝黑色卷尾。雌雄羽色相似，通体黑蓝色而具紫蓝色或蓝绿色金属光泽，尾羽末端分叉。

虹膜褐色或红褐色；喙黑色；脚黑色。

生态习性：多单独或成对栖息于天然阔叶林、次生林以及人工林和苗圃中，也见于河谷、农田和果园，相比黑卷尾更偏好林地生境。

分布：中国见于西藏东南部、云南南部、广西西南部、海南岛以及台湾岛。国外分布于喜马拉雅山、印度、东南亚、苏门答腊以及加里曼丹。

台湾/吴廖富美

云南瑞丽/翁发祥

夏季换羽期间，分批生长的新外侧尾羽形成"宝塔"状，这一现象在卷尾、鸭等类群中都甚为普遍/台湾/吴廖富美

0863

# 小盘尾
Lesser Racket-tailed Drongo

体长：26厘米（不计延长尾羽）　居留类型：留鸟

　　特征描述：中等体型的辉黑色卷尾。雌雄体色相近，通体黑色而具蓝绿色光泽，前额具绒状簇羽，最外侧尾羽羽轴特型延长，且末端具勺状羽片。
　　虹膜红色；喙黑色；脚黑色。
　　生态习性：多单独或成对栖息于中低海拔的天然林、次生阔叶林以及竹林中，喜觅食于疏林和林缘等开阔地带，主要以空中的昆虫为食。
　　分布：中国分布于西藏东南部、云南西部和南部以及广西西部。国外分布于喜马拉雅山脉南麓、中南半岛、马来半岛、苏门答腊岛以及爪哇岛。

成鸟/云南那邦/廖晓东

幼鸟/云南/杨华

成鸟/云南/杨华

# 发冠卷尾
Hair-crested Drongo

体长：31厘米　　居留类型：夏候鸟

特征描述：大型黑色卷尾。雌雄羽色相似，通体黑色且泛蓝绿色光泽，头具一束丝状羽冠，头至颈侧和肩部具闪斑，尾羽分叉且外侧向上卷曲。
虹膜暗红色；喙黑色；脚黑色。
生态习性：栖息于中低山的天然林、次生林和人工林中，也见于疏林、林缘以及公园和人工绿地，性情凶猛。繁殖后具有拆除巢的习性。
分布：中国分布于华北、华中、华南和西南各省，迁徙季节见于台湾岛。国外分布于喜马拉雅山脉、印度、东南亚。

成鸟/河南董寨/沈越

发冠卷尾用细软柔韧的草茎编织鸟巢/成鸟卧巢/河南董寨/沈越

成鸟/福建永泰/郑建平

# 大盘尾
## Greater Racket-tailed Drongo

体长：33厘米（不计延长尾羽）　　居留类型：夏候鸟、留鸟

特征描述：体型较大的辉黑色卷尾。通体黑色具蓝绿色光泽，头顶具蓬松羽冠自前额至枕后，尾羽略为分叉，外侧尾羽极度延长可至30-35厘米，末端具勺状羽片。

虹膜暗红色；喙黑色；脚黑色。

生态习性：多成对或集小群活动于低地和平原的次生林、疏林以及林缘地带，姿态优美。

分布：中国分布于西藏东南部、云南西部和南部以及海南岛。国外分布于印度、东南亚。

成鸟/云南瑞丽/董磊

成鸟/云南/张明

云南西双版纳/Craig Brelsford大山雀

# 白喉扇尾鹟
White-throated Fantail

体长：18厘米
居留类型：留鸟

　　特征描述：中等体型的深灰色扇尾
鹟。雌雄体色相似，除眉纹、颏、喉和
尾羽末端白色外，其余体羽为灰黑色。
　　虹膜黑褐色；喙黑色；脚黑色。
　　生态习性：栖息于中高海拔的阔叶
林、针阔混交林以及针叶林中，也见于
林缘、田野和灌丛，喜与其他鸟类混
群，活动于疏林中层和高层，常竖起尾
部并打开扇形尾羽。
　　分布：中国分布于西藏东南部、四
川中南部、云南、贵州西部和南部、广
西、广东、香港以及海南岛。国外分布
于喜马拉雅山脉、印度、东南亚。

云南西双版纳/沈越

西藏樟木/白文胜

西藏/张明

西藏米林/董磊

# 黑枕王鹟
Black-naped Monarch

体长：15厘米
居留类型：夏候鸟、冬候鸟、留鸟

　　特征描述：体型稍小的蓝紫色王鹟。雄鸟通体蓝紫色，枕后具黑色短羽簇，喙基具黑色小斑块，下喉具狭窄的黑色胸带，两翼沾褐色，下腹近白色。雌鸟羽色较暗淡，头蓝色偏灰，上体、两翼和尾灰褐色，胸灰褐色，下腹偏白色，不具黑色枕后羽簇和黑色胸带。

　　虹膜褐色；喙蓝灰色；脚黑色。

　　生态习性：栖息于低山丘陵及平原的常绿阔叶林、次生林以及林缘灌丛地带，也见于农田和公园，喜单独活动，飞捕昆虫，行动敏捷。

　　分布：中国见于西藏东南部、四川南部、云南、贵州、广西、广东、香港、福建、台湾岛和海南岛。国外分布于印度至菲律宾以及大巽他群岛。

雌鸟/海南三亚/蔡卫和

雄鸟/海南三亚/蔡卫和

雄鸟/台湾/张永

黑枕王鹟的巢与寿带的巢甚为相似/雄鸟/台湾/林月云

# 寿带

Asian Paradise-flycatcher

体长：18厘米（不计尾部延长）　居留类型：夏候鸟、旅鸟

特征描述：中等体型的红褐色或白色寿带。棕色型雄鸟头黑色具辉蓝色光泽，具明显羽冠，上体及尾红褐色，胸至两胁灰黑色，下腹及尾下覆羽白色，中央尾羽延长20-30厘米。白色型个体头部颜色相同，但整个体羽呈白色，两翼具黑色羽缘。雌鸟似棕色型雄鸟但显暗淡，头部染褐色而缺少光泽，尾不延长。

虹膜褐色，具亮蓝色眼圈；喙蓝色；脚灰黑色。

生态习性：单独或成对栖息于低山、丘陵以及平原地带，栖息于天然林、次生阔叶林和竹林中，觅食于树林的中下层。雄鸟形态优美，飞行姿态优雅，叫声响亮，领域性强，对进入巢区的其他鸟类具有攻击性。

分布：中国分布于东北南部至云南西部一线以东的适宜生境，迁徙季节见于华南、华东、海南岛和台湾岛。国外分布于西亚至印度、朝鲜半岛、东南亚。

雌鸟/河南董寨/沈越

雌鸟/重庆石柱/肖克坚

白色型雄鸟身姿飘逸令人过目不忘/福建闽侯/白文胜

棕色型雄鸟/重庆石柱/肖克坚

卧巢的雌鸟/四川成都/董磊

雌鸟前来喂食，四只接近出巢的雏鸟在巢中已十分拥挤/江西南昌/林剑声

父母均在巢旁/江西南昌/林剑声

白色型雄鸟/福建闽侯/白文胜

# 紫寿带

Japanese Paradise-flycatcher

保护级别：IUCN：近危　体长：18厘米（不计尾部延长）　居留类型：夏候鸟、旅鸟、留鸟

特征描述：中等体型的紫褐色寿带。雄鸟头具羽冠，头至上胸黑色，具辉蓝色光泽，上体紫褐色，胸及两胁灰色，下体白色，尾及两翼黑紫色，中央尾羽极度延长20－35厘米。雌鸟似雄鸟但体色较暗淡，头部少光泽，背部颜色更暗，中央尾羽不延长。

虹膜褐色；喙蓝色；脚铅黑色。

生态习性：多单独或成对栖息于低山常绿阔叶林、次生林、林缘以及竹林中，习性似寿带。

分布：中国见于华北、华东和华南，包括台湾岛和海南岛。国外分布于日本和朝鲜半岛，越冬于菲律宾。

雌鸟/台湾/吴崇汉

雄鸟/台湾/林连水

紫寿带雄鸟中无白色型个体/河北邢台/柴江辉

0876

# 北噪鸦
## Siberian Jay

体长：29厘米　　居留类型：留鸟

特征描述：灰棕色的噪鸦。头黑褐色，前额皮黄色，上背及胸腹灰褐色，两翼灰褐色具锈红色块斑，尾中央灰褐色，两侧锈红色，尾下覆羽红褐色。

虹膜黑褐色；喙黑色；脚黑色。

生态习性：栖息地以多苔藓的针叶林为主，主要活动于寒带的泰加林，多成对或成小群活动，性活泼而显得喧闹，具协作觅食能力。

分布：中国分布于黑龙江、内蒙古和新疆。国外分布于自欧洲斯堪的纳维亚半岛至东西伯利亚的古北界北部。

新疆阿尔泰山/马鸣

新疆阿尔泰山/马鸣

北噪鸦常结松散的小群活动/新疆阿尔泰山/马鸣

# 黑头噪鸦

Sichuan Jay

保护级别：IUCN：易危
体长：30厘米
居留类型：留鸟

　　特征描述：全身灰黑色的噪鸦。通体羽色灰黑色，头上部及两翼颜色更黑。

　　虹膜黑褐色；喙角质黄色；脚黑色。

　　生态习性：常以家族群为单位栖息于青藏高原东缘的亚高山暗针叶林中。

　　分布：中国鸟类特有种，仅分布于四川北部和西北部、甘肃西部、青海东南部以及西藏东北部山区。

四川若尔盖/冯利民

四川/陈久桐

四川/陈久桐

四川/陈久桐

# 松鸦
Eurasian Jay

体长：33厘米
居留类型：留鸟

　　**特征描述：**叫声沙哑、全身粉褐色的鸦类。通体粉褐色至灰褐色，下颊纹黑色，部分亚种头顶具黑色纵纹且脸颊部有白色，两翼黑色，具蓝色横纹和白色块斑，腰及尾下覆羽白色，尾羽黑色。

　　虹膜褐色；喙灰黑色；脚肉棕色。

　　**生态习性：**多单独或集小群栖息于阔叶林、针叶林、针阔混交林中，飞行时振翅有力，常发出单调的叫声，杂食性，活动于树冠层。

　　**分布：**中国分布于除青藏高原、新疆盆地和内蒙古草原以外的地域，但不见于海南岛。国外分布于欧洲、北非、南亚、东亚及中南半岛。

中国南方的松鸦头部甚少条纹，颜色纯净，被称为"山和尚"/江西婺源/沈越

河南/孙华金

江西婺源/曲利明

江西婺源/曲利明

# 灰喜鹊

Azure-winged Magpie

体长：36厘米　　居留类型：留鸟

特征描述：全身灰蓝色的喜鹊。具黑色头罩，头部仅额和喉白色，上背灰色，两翼天蓝色，尾天蓝色且呈楔形，中央尾羽末端白色，胸腹部及尾下覆羽白色。

虹膜黑褐色；喙黑色；脚黑色。

生态习性：多成对或集小群栖息于低山、平原的次生林及人工林中，也见于田野、村落和市区公园，性嘈杂。集群营巢于高大的乔木上。

分布：中国大多数省区都有分布，见于东北、华东、华北和中西部，西至四川北部、甘肃西部和青海东北部，南至浙江、福建、华南、西南等地有人工引入的野化种群。国外分布于欧洲的西班牙和东北亚以及东亚。

灰喜鹊幼鸟出巢时飞翔能力尚弱，易落至地面/幼鸟/河北邢台/柴江辉

头顶的白色斑表明了这只鸟的幼鸟身份/幼鸟/福建福州/张浩

成鸟/陕西西安/郑建平

成鸟/江苏盐城/孙华金

成鸟/福建福州/张浩

# 台湾蓝鹊
Taiwan Blue Magpie

体长：65厘米
居留类型：留鸟

特征描述：体型较大的深蓝色鸟类。头颈及上胸黑色，其余体羽深蓝色而腹部稍淡，次级和初级飞羽端部具白色羽缘，尾呈楔形，中央尾羽延长并具白色端斑，其他尾羽具白色端斑和黑色次端斑。

虹膜黄白色；喙鲜红色；脚鲜红色。

生态习性：成对或集小群活动于中低山的天然林和次生阔叶林中，也见于林缘、河谷和公园，食性杂，多以动物为食物，冬季下移至低海拔地区越冬。

分布：中国鸟类特有种，仅分布于台湾岛的中低海拔森林中。

台湾/吴崇汉

台湾/无名氏

0884

台湾/吴崇汉

台湾/无名氏

# 黄嘴蓝鹊

Yellow-billed Blue Magpie

体长：63厘米
居留类型：留鸟

　　特征描述：体型较大并有黄喙的浅蓝色鸟类。头颈和上胸黑色，后颈具白色斑，上背灰色，两翼及尾上覆羽浅蓝色，下胸至腹部以及尾下覆羽白色，尾呈楔形，中央尾羽延长且末端白色，其余尾羽具白色端斑和黑色次端斑。

　　虹膜黄褐色；喙黄色；脚橘红色。

　　生态习性：栖息于较高海拔的山地森林中，多成对或集小群见于阔叶林、混交林和次生林中，性大胆而不惧人，以动物性食物为主。

　　分布：中国见于西藏南部和东南部，云南西北部、西部和南部。国外分布于喜马拉雅山脉地区。

黄嘴蓝鹊枕部的白色不延伸至头顶/西藏樟木/肖克坚

西藏樟木/肖克坚

0886

西藏米林/董磊

西藏/陈久桐

西藏/陈久桐

# 红嘴蓝鹊
Red-billed Blue Magpie

体长：65厘米
居留类型：留鸟

　　**特征描述**：体型较大并具有红喙的鸦科鸟类。头及上胸黑色，顶冠至枕后白色且具黑色细纹，上背蓝灰色，两翼及尾上覆羽天蓝色，下胸至腹和尾下覆羽白色，尾呈楔形，中央尾羽延长且具白色端斑，两侧尾羽具白色端斑和黑色次端斑。

　　虹膜红色；喙鲜红色；脚鲜红色。

　　**生态习性**：生境多样，常成对或集小群活动于山地阔叶林、针阔混交林以及针叶林中，在次生林、人工林和公园也能见到。性嘈杂，冬季下移至低海拔越冬。

　　**分布**：中国分布于北至华北，南至华南，西至云南一线以南的区域，逃逸种群见于台湾岛。国外分布于喜马拉雅山、印度东北部及中南半岛。

北京/沈越

四川卧龙/董磊

0888

安徽/杨华

红嘴蓝鹊嗜食肉/河北邢台/柴江辉

红嘴蓝鹊也是凶猛的捕食者，经常捕杀小型哺乳动物和鸟类，以及蛇、蜥蜴、蛙等/江西婺源/叶学龄

# 棕腹树鹊
Rufous Treepie

体长：42厘米　　居留类型：留鸟

特征描述：中等体型的棕色和黑色树鹊。雌雄同色，头部黑褐色至头顶、枕部和上胸，背部红棕色，两翼除飞羽黑色外，其余灰白色，尾呈楔形，中央尾羽延长具黑色端斑，其他尾羽也具黑色端斑。

虹膜黑褐色；喙灰白色；脚灰黑色。

生态习性：多栖息于中低海拔的山区、丘陵及平原地带的多种生境，包括季雨林、阔叶林、天然林、次生林和人工林甚至市区公园，常成对或集小群活动，性嘈杂。

分布：中国见于西藏东南部和云南西南部。国外分布于喜马拉雅山脉、印度次大陆经缅甸至中南半岛中部。

西藏山南/李锦昌

# 白翅蓝鹊
White-winged Magpie

体长：46厘米　　居留类型：留鸟

　　**特征描述**：体型较大的黑白色鸦科鸟类。全身黑色至下胸较浅，下腹和尾下覆羽白色，两翼小覆羽和大覆羽白色，初级飞羽具较大的白色端斑，尾楔形亦具白色端斑。
　　虹膜黄白色；喙橘黄色；脚黑色。
　　**生态习性**：成对或集小群栖息于山区的阔叶林、林缘以及次生林地，也见于村落附近，性嘈杂且惧人。
　　**分布**：中国分布于四川中南部、广西西南部、云南南部及海南岛。国外分布于中南半岛北部及中部。

与同属的其他成员类似，白翅蓝鹊通常生活在小群体中/海南尖峰岭自然保护区/关克

# 蓝绿鹊
## Common Green Magpie

体长：38厘米
居留类型：留鸟

特征描述：中等体型的鲜绿色鸦科鸟类。全身体羽鲜绿色，具宽阔黑色贯眼纹且延长至枕后，头顶偏黄色，具羽冠，两翼棕褐色，次级飞羽具白色端斑和黑色次端斑，尾长而呈楔形，两侧尾羽具白色端斑和黑色次端斑。

虹膜红褐色，具红色眼圈；喙鲜红色；脚鲜红色。

生态习性：栖息于中低海拔的常绿阔叶林中层，性隐匿但叫声嘈杂。

分布：中国见于西藏东南部、云南南部和广西西南部。国外分布于喜马拉雅山脉、中南半岛、马来半岛、苏门答腊和婆罗洲。

云南瑞丽/廖晓东

蓝绿鹊绿色的体色来自天然食物，具有隐蔽效果，在人工饲养条件下绿色会褪变为蓝色/云南瑞丽/甘礼清

# 灰树鹊

Grey Treepie

体长：36厘米
居留类型：留鸟

　　**特征描述**：体型稍小的灰棕色树鹊。头部前额至耳后黑色，眼后浅褐色，后枕至颈以及上胸暗灰色，背棕褐色，两翼黑色，初级飞羽基部具白色点斑，腰白色，臀部棕黄色，下体白色染灰色，尾呈楔形，尾上覆羽黑色。

　　虹膜红褐色；喙灰黑色；脚黑色。

　　**生态习性**：栖息于中低山的阔叶林、针阔混交林中，也见于天然林、人工林和城市公园，多成对或集小群活动于乔木的中上层，性嘈杂。

　　**分布**：中国分布于长江流域及以南地区，包括海南岛和台湾岛。国外分布于喜马拉雅山脉、印度东北部和中南半岛中北部。

福建福州/曲利明

台湾/吴崇汉

福建福州/郑建平

# 黑额树鹊
Collared Treepie

体长：37厘米
居留类型：留鸟

　　**特征描述**：体型稍小的灰棕色树鹊。头部前额经头顶沿耳部至下喉纯黑色，后枕、颈、颈侧、胸部灰白色，背部、腰部、下腹及尾下覆羽棕红色，两翼黑色，覆羽具灰色条带，尾羽呈楔形且为黑色。
　　虹膜红褐色；喙黑色；脚黑色。
　　**生态习性**：栖息于中低海拔的阔叶林及针阔混交林中，多见于林缘、林间空地和具大树的原野，性喧闹，习性同其他树鹊。
　　**分布**：中国分布于西藏东南部、云南西部及西南部。国外分布于喜马拉雅山脉，东至越南西北部。

云南/宋晔

云南那邦/沈越

# 塔尾树鹊
Ratchet-tailed Treepie

体长：32厘米
居留类型：留鸟

　　特征描述：体型较小且尾型怪异的纯黑色树鹊。通体体羽深灰色至黑色，尾独特成楔形，尖端分叉成棘尖，形成塔状尾羽。
　　虹膜黑褐色；喙黑色；脚黑色。
　　生态习性：主要栖息于雨林、季雨林、阔叶林和郁闭度较高的次生林中，多成对或集小群活动于树冠层，以动物为主食。
　　分布：中国见于云南南部、东南部及海南岛。国外分布于中南半岛。

海南尖峰岭自然保护区/王军

海南/张明

# 喜鹊
Common Magpie

体长：43厘米
居留类型：留鸟

　　**特征描述**：中等体型的黑白色鸦科鸟类。雌雄体羽相似，全身黑色而具蓝绿色光泽，尤以尾部和次级飞羽为甚，肩部和下腹及两胁白色。

　　虹膜黑褐色；喙黑色；脚黑色。

　　**生态习性**：适应力极强，见于从森林、乡村至城市的多种生境，多成对或集群活动，杂食性，多营巢于高大乔木或建筑物上。

　　**分布**：中国见于除青藏高原外的大部分省区，包括台湾岛和海南岛。国外分布于欧亚大陆和北非。

非繁殖个体有时会结成很大的群体，在驱赶猛禽时领地相邻的一些家庭也会结成小群/四川唐家河国家级自然保护区/邓建新

喜鹊通常在地面觅食/北京/沈越

福建福州/曲利明

喜鹊食性杂，有时也吃尸体/福建福州/曲利明

# 黑尾地鸦
Mongolian Ground Jay

体长：30厘米　　居留类型：留鸟

特征描述：体型较小的沙褐色鸦科鸟类。全身体羽沙褐色，头顶至枕后黑色，具辉蓝色光泽，两翼辉蓝黑色，初级飞羽白色，具黑色翼尖而形成大块白色斑，尾蓝黑色。
虹膜黑褐色；喙黑色；脚黑色。
生态习性：栖息于干旱平原、戈壁、荒漠和半荒漠生境，主要为地栖性，奔跑迅速而极少飞行。
分布：中国分布于甘肃西北部、青海东北部、宁夏、内蒙古西部和新疆。国外分布于塔吉克斯坦和蒙古。

青海茶卡/高川

青海/陈久桐

青海/陈久桐

内蒙古阿拉善左旗/林剑声

黑尾地鸦通常在地面活动觅食/内蒙古阿拉善左旗/王志芳

# 白尾地鸦
Xinjiang Ground Jay

保护级别：IUCN：近危
体长：29厘米
居留类型：留鸟

　　特征描述：体型较小的沙褐色鸦科鸟类。全身呈沙褐色，头顶至枕后具辉蓝黑色冠羽，下颊和喉黑色，两翼蓝黑色，次级飞羽具白色羽缘，初级飞羽白色且具黑色翼尖，尾白色，中央尾羽具黑色羽轴。
　　虹膜黑褐色；喙黑色；脚黑色。
　　生态习性：喜栖息于多红柳灌丛的沙质荒漠上，地栖性，多单独或成对活动，善奔跑而少飞行。
　　分布：中国鸟类特有种，种群数量稀少，仅分布于新疆西部和西南部。

新疆库尔勒/肖克坚

新疆库尔勒/肖克坚

新疆/张永

新疆/张永

# 星鸦
Spotted Nutcracker

体长：34厘米　　居留类型：留鸟

特征描述：全身黑褐色并布满白色星点的鸦科鸟类。雌雄同色，通体黑褐色，头侧至沿后枕、颈侧和上腹密布白色点斑，尤以头侧和颈后白色为多，臀及外侧尾羽白色。

虹膜黑褐色；喙黑色；脚黑色。

生态习性：多单独或成对栖息于山地针叶林和针阔混交林中，主要以针叶树的种子为食，冬季具储藏食物的行为。

分布：中国分布于新疆北部和西部、东北经华北至华中和西南，台湾岛有一个孤立种群。国外分布于古北界的中北部，包括喜马拉雅山地区，北沿西伯利亚至日本。

台湾/吴威宪

四川唐家河国家级自然保护区/邓建新

新疆/张永

0904

甘肃莲花山/高川

星鸦冬季主要依赖自己储藏的食物，其记忆超凡可准确地找到雪下的埋藏点/新疆阿勒泰/张国强

# 红嘴山鸦
Red-billed Chough

体长：42厘米
居留类型：留鸟

　　**特征描述：**具有红喙和中等体型的辉黑色山鸦。雌雄同色，全身黑色而泛金属光泽，喙细而下弯。

　　虹膜红褐色；喙鲜红色；脚鲜红色。

　　**生态习性：**栖息于丘陵、山地、草场、裸岩、荒漠、草甸等开阔生境，也见于田野、村落、城市园林等人工环境，海拔高可至4500米，多成对或集群于地上活动和觅食，性嘈杂，动作灵敏，有时与其他鸦科鸟类混群。

　　**分布：**中国分布于东北、华北西部至云南西北部一线以西的适宜生境。国外分布于欧洲、北非、西亚、中亚和东亚。

西藏纳木错/董磊

新疆阿勒泰/张国强

西藏芒康/肖克坚

与鸦科的很多种类一样，红嘴山鸦配偶间的关系十分牢固/甘肃甘南/王揽华

# 黄嘴山鸦
Alpine Chough

体长：40厘米　居留类型：留鸟

　　**特征描述：** 具有黄喙和中等体型的辉黑色山鸦。雌雄同色，全身黑色而泛金属光泽，喙较红嘴山鸦显得粗短，尾部较长，停栖时尾端明显超出翼尖。
　　**虹膜**黑褐色；**喙**明黄色；**脚**橘红色。
　　**生态习性：** 栖息地和习性类似红嘴山鸦，但海拔更高，可至6000米，常集小群活动，有时也见与红嘴山鸦等其他鸦科鸟类混群，性嘈杂，胆大而机警。
　　**分布：** 中国分布于新疆西部、西藏南部、青海、甘肃、内蒙古以及四川北部和西北部、云南西北部。国外分布于南欧、北非、地中海经中东至中亚和喜马拉雅山脉。

四川卧龙/董磊

西藏芒康/肖克坚

高山雪线附近无树的环境是黄嘴山鸦典型的栖息地/西藏樟木/肖克坚

# 寒鸦
Eurasian Jackdaw

体长：34厘米
居留类型：夏候鸟、冬候鸟

　　特征描述：体型较小的灰黑色鸦科鸟类。体羽黑色，头、两翼和尾具金属光泽，枕后及颈部具灰白色，后颈近白色而形成半颈环，喙粗短。
　　虹膜蓝白色；喙黑色；脚黑色。
　　生态习性：栖息于中低山区、丘陵和平原地带，多集群活动于林缘、田野、村落，有时会与其他鸦类混群，性嘈杂。
　　分布：中国繁殖季见于新疆北部、西部和中部，非繁殖季见于西藏西部。国外分布于欧洲、北非经中东至西亚。

成鸟/新疆阿勒泰/张国强

成鸟/新疆/张永

深色的虹膜是幼鸟的特征之一/新疆阿勒泰/张国强

成鸟/新疆阿勒泰/张国强

# 达乌里寒鸦

Daurian Jackdaw

体长：32厘米 　居留类型：留鸟、冬候鸟、旅鸟

特征描述：体型较小的黑白色鸦科鸟类。枕后和颈背的灰色沿颈侧至下胸和腹部，其余体羽黑色而具光泽。
虹膜深褐色；喙黑色；脚黑色。
生态习性：栖息地同寒鸦类似，非繁殖季集群活动于沟谷、田野、村落以及垃圾场，有时与其他鸦类混群，性胆大而嘈杂。
分布：中国繁殖于东北和西南部高海拔地区，非繁殖季南迁至华北、华东、华中和东南越冬，迷鸟见于台湾岛。国外分布于东北亚和东亚。

成鸟/四川甘孜州/董磊

新疆阿勒泰/张国强

成鸟/西藏樟木/肖克坚

# 家鸦
House Crow

体长：41厘米
居留类型：留鸟

　　**特征描述**：中等体型的黑褐色乌鸦。通体黑色而具光泽，头顶、颈部经后颊至前胸和下腹粉褐色。
　　虹膜黑褐色；喙黑色；脚黑色。
　　**生态习性**：集群栖息于原野、农田、村落和城镇，常伴人生活，杂食性，多见取食于农耕地和垃圾堆，主要在地上觅食，胆大而嘈杂。
　　**分布**：中国分布于西藏南部、云南西部和南部，迷鸟至台湾岛。国外分布于伊朗经南亚次大陆、喜马拉雅山脉至中南半岛北部。

西藏樟木/肖克坚

西藏樟木/肖克坚

# 秃鼻乌鸦
Rook

体长：46厘米　　居留类型：夏候鸟、冬候鸟、留鸟

特征描述：鼻孔裸露、体型稍大的黑色乌鸦。体羽通体黑色而泛蓝色金属光泽，喙细长且喙基裸皮沙灰色。
虹膜黑褐色；喙黑色；脚黑色。
生态习性：栖息于低山、丘陵、平原和荒地等生境，有固定的夜栖地，非繁殖季常集成多至上千只的大群活动，有时与其他鸦类混群。
分布：中国分布于新疆西部，东北经华北和华东至华中，长江中下游及东南沿海地区，包括台湾岛和海南岛。国外分布于古北界中部。

新疆阿勒泰/张国强

鼻孔裸露是秃鼻乌鸦的特征之一，也是其得名的原因/新疆富蕴/吴世普

秃鼻乌鸦在繁殖时也营群巢，非繁殖季节庞大的集群中除了秃鼻乌鸦通常还有寒鸦和小嘴乌鸦/新疆阿勒泰/张国强

# 小嘴乌鸦
Carrion Crow

体长：48厘米　　居留类型：留鸟、冬候鸟、旅鸟

　　**特征描述**：体型稍大的纯黑色乌鸦。通体黑色而泛蓝色光泽，前额较平，喙峰较直。分布于新疆的亚种仅头部、上胸、两翼及尾部黑色，其余灰白色。

　　虹膜黑褐色；喙黑色；脚黑色。

　　**生态习性**：栖息于低山、丘陵、平原以及河谷的疏林、林缘和田野中，也见于城市和村落，非繁殖季入城夜栖。分布于新疆西部的亚种有时被作为一个独立种，称为冠小嘴乌鸦*Corvus cornix*。

　　**分布**：中国分布于除青藏高原和新疆干旱沙漠以外的大部分地区，包括台湾岛和海南岛。国外分布于欧亚大陆和北非，东至日本。

四川甘孜州/董磊

福建福州/曲利明

福建福州/曲利明

北京/沈越

# 大嘴乌鸦
Large-billed Crow

体长：50厘米
居留类型：留鸟

　　**特征描述：**体型较大的辉黑色乌鸦。全身体羽黑色而具蓝色光泽，喙大而厚，前额拱起，尾呈圆凸形。
　　虹膜褐色；喙黑色；脚黑色。
　　**生态习性：**多成对或集小群栖息于山地、丘陵、平原的阔叶林、针阔混交林和针叶林中，对次生林和人工林也有极强的适应性，非繁殖季常见于农田、村落和园林，有时与寒鸦、秃鼻乌鸦和小嘴乌鸦等混群，性机警而胆大，常呱呱地大声鸣叫。
　　**分布：**中国见于除新疆和内蒙古西北部以及青藏高原外的大部分地区，包括台湾岛和海南岛。国外分布于西亚至东亚、菲律宾和大巽他群岛。

四川唐家河国家级自然保护区/邓建新

西藏/张永

甘肃定西/李锦昌

江西婺源/曲利明

# 白颈鸦

Collared Crow

保护级别：IUCN：近危
体长：50厘米
居留类型：留鸟、迷鸟

　　特征描述：体型较大的鹊色乌鸦。通体辉黑色，头从枕后沿颈侧至胸部白色。
　　虹膜暗褐色；喙黑色；脚黑色。
　　生态习性：栖息于中低山和丘陵平原地区的林缘、疏林以及农田、村落等地区，多单独或成对活动，有时与其他乌鸦混群，性机警，几乎与渡鸦形成替代分布。
　　分布：中国分布区北至华北中部，东至渤海湾以南的整个海岸线，南至海南岛，西至四川中部、贵州和云南东部，迷鸟至台湾岛。国外分布于越南北部。

湖北红安/翁发祥

四川老河沟自然保护区/张铭

# 丛林鸦

Jungle Crow

体长：48厘米
居留类型：留鸟

　　**特征描述：**体型稍大的辉黑色乌鸦。喙粗厚且前额拱起，甚似大嘴乌鸦，但体型相对较小，且尾部呈方形。

　　虹膜黑褐色；喙黑色；脚黑色。

　　**生态习性：**分布于中低海拔的天然林和次生阔叶林中，多成对或集小群活动，相比其他鸦类更偏好森林生境。

　　**分布：**中国分布于西藏东南部。国外分布于南亚东北部，经缅甸和中南半岛至马来半岛北部。

西藏亚东/董磊

西藏/张明

# 渡鸦
Common Raven

体长：66厘米
居留类型：留鸟

　　特征描述：体型庞大的纯黑色乌鸦。通体黑色而具蓝绿色光泽，喉及上胸羽毛长且硬，尾呈楔形。

　　虹膜色深；喙、脚均为黑色。

　　生态习性：栖息于林缘、旷野、农田、荒漠、半荒漠、山地以及草甸等多种生境，多成对或集小群活动，高可至海拔5000米以上，振翅缓慢有力，叫声嘶哑，性情凶猛，常主动攻击猛禽。

　　分布：中国分布于东北极北部、新疆、西藏、四川西部和北部、青海、甘肃和内蒙古西部。国外分布于全北界中北部。

新疆阿勒泰/张国强

西藏/张明

0922

四川若尔盖/董磊

青海/张永

# 太平鸟
Bohemian Waxwing

体长：18厘米　居留类型：冬候鸟

　　**特征描述**：全身粉褐色而尾尖黄色的大型雀类。雌雄体色相似，全身粉褐色，头部颜色深，具黑色贯眼纹，颏喉黑色，具羽冠且羽簇延长，两翼具白色翼斑，次级飞羽末端具蜡状红色点斑，初级飞羽外翈黄色而形成明黄色条带，腰及尾上覆羽灰褐色，尾羽尖端明黄色，次端黑色，尾下覆羽栗红色。
　　虹膜红褐色；喙黑色；脚黑色。
　　**生态习性**：栖息于针叶林、针阔混交林和落叶阔叶林中非繁殖季喜群栖，常集群活动于浆果类植物顶端或树冠层，飞行急促，性游荡。
　　**分布**：中国越冬于东北、华北、华中和华东各省，新疆西部也有越冬记录，迷鸟至四川、福建、广东、香港和台湾岛。国外繁殖于古北界北部、北美洲西北部，越冬于分布区的南部。

北京/张永

辽宁/张明

冬季，金银忍冬的浆果是包括太平鸟在内的许多鸟种的重要食物/北京/沈越

越冬期间太平鸟通常成群在高大树木上夜宿/辽宁/张明

新疆阿勒泰/张国强

# 小太平鸟
Japanese Waxwing

保护级别：IUCN：近危
体长：17厘米
居留类型：夏候鸟、冬候鸟

　　**特征描述：**体型略小、尾羽尖端红色的粉褐色雀类。雌雄体色相似，通体粉褐色，头部颜色稍深，具黑色贯眼纹延伸至枕后，颏喉黑色，具羽冠，两翼具红色翼斑，次级飞羽末端具红色点斑，初级飞羽外翈白色而形成白色条带，腰及尾上覆羽灰褐色，尖端红色而次端黑色，尾下覆羽栗红色。

　　虹膜红褐色；喙黑色且基部具一白色小点斑；脚黑色。

　　**生态习性：**繁殖于山地针叶林和针阔混交林中，非繁殖季出现于阔叶林、次生林、人工林和林缘地带，多成群活动于有浆果的植物中上层，有时与太平鸟混群。

　　**分布：**中国繁殖于黑龙江极北部，越冬于华北和华东省份，有时也至华中，迷鸟至云南、四川、福建和台湾岛。国外繁殖于东北亚，越冬于朝鲜半岛和日本。

北京/沈越

柏树的果实在冬季也是小太平鸟和太平鸟的重要食物/辽宁/张明

北京/张永

# 黄腹扇尾鹟
Yellow-bellied Fantail

体长：11厘米　居留类型：留鸟

特征描述：体型较小、形似扇尾鹟的黄色小鸟。雄鸟头具黑色眼罩，眉纹明黄色，头顶至上背橄榄绿色，颏喉至下体明黄色，两翼深橄榄色，具一道翼斑，尾深橄榄色尖端白色。雌鸟似雄鸟，但眼罩为深橄榄绿色。

虹膜褐色；喙黑褐色；脚黑色。

生态习性：栖息于中高海拔的阔叶林、针阔混交林以及针叶林中，非繁殖季下至低海拔林地，也见于林缘和灌丛，活动于林地中下层。习性似扇尾鹟，尾常打开成扇形且左右摇摆。

分布：中国分布于西藏东南部、四川西南部和南部以及云南。国外分布于喜马拉雅山麓至中南半岛北部。

云南/张永

云南/刘勇

西藏米林/董磊

# 方尾鹟
### Grey-headed Canary Flycatcher

体长：12厘米
居留类型：夏候鸟、留鸟

云南/杨华

特征描述：体型较小、颜色艳丽的类似鹟类的小鸟。雌雄体色相似，头、额至上胸灰色而具羽冠，具浅色眼圈，背、两翼和尾上覆羽橄榄绿色，翼斑不明显，下胸至腹和尾下覆羽明黄色。

虹膜黑褐色；上喙角质色，下喙浅色；脚肉黄色。

生态习性：栖息于中低海拔的山地森林中，也见于林缘、公园和苗圃，常单独或成小群活动，性喧闹，从枝头翻飞捕获空中昆虫，常与其他鸟类混群。

分布：中国见于华中和西南地区，越冬于广西、广东、福建、香港及海南岛，迁徙季节见于上海、江苏、浙江等地，迷鸟见于天津、河北和台湾岛。国外分布于印度至中南半岛、马来半岛以及大巽他群岛。

云南/杨华

# 沼泽山雀
Marsh Tit

体长：10-13厘米
居留类型：留鸟

　　**特征描述：**前额、头顶至后颈辉黑色的山雀。头部眼以下脸颊至颈侧白色，上体沙灰褐色或橄榄褐色，喉黑色，其余下体白色。相似种褐头山雀头部褐色，暗淡无光，且具浅色翼纹。

　　虹膜褐色；喙黑色；脚黑色。

　　**生态习性：**栖息于海拔4000米以下的山地针叶林和针阔混交林中，也活动于阔叶林、次生林和人工林中。冬季出现在平原，甚至城市公园。

　　**分布：**中国常见于东北、华北和华东。国外分布于欧洲及东亚。

黑龙江牡丹江/沈越

沼泽山雀是北方平原地区各类有树绿地中最常见的山雀/北京/张永

山西太原/李锦昌

吉林长白山/张国强

# 褐头山雀
Willow Tit

体长：11-13厘米
居留类型：留鸟

　　特征描述：头顶暗褐、脸颊白色的山雀。背部褐灰色、暗褐色或赭褐色，颏、喉黑色，其余下体灰白色或棕色，常具浅色翼纹。亚种 *weigoldicus* 相比其他亚种上背土褐色更浓，翅更长而尾短，两胁污褐色，有时也被作为独立种。

　　虹膜褐色；喙黑色；脚铅褐色。

　　生态习性：栖息于针叶林和针阔混交林中，也栖于阔叶林和人工针叶林中。有时可上到海拔3000-4000米的高山针叶林和林缘疏林灌丛地带。

　　分布：中国分布于东北、华北、中北部、新疆。国外分布于欧洲往东经中亚和西伯利亚直至东北亚。

华北地区的褐头山雀深色胸兜甚大，头无辉光区别于同域分布的沼泽山雀/内蒙古阿拉善左旗/沈越

北京/张永

新疆阿勒泰/张国强

甘肃莲花山/郑建平

幼鸟/内蒙古/张明

西藏/肖克坚

# 白眉山雀
White-browed Tit

体长：11-14厘米
居留类型：留鸟

特征描述：具有显著白眉的山雀。头顶黑色，头部具黑色过眼纹，白色眉纹长而显著，前端延伸至额基，后端延伸至后颈，喉部黑色，上体橄榄褐色，下体黄褐色。
虹膜褐色；喙黑色；脚黑色。
生态习性：栖息于海拔3000-4500米的高原和高山针叶林、针阔叶混交林和高山灌丛草甸中。
分布：中国鸟类特有种，仅分布于青海、甘肃、四川、西藏。

青海/张浩

西藏/张明

# 红腹山雀
Rusty-breasted Tit

体长：11-12厘米
居留类型：留鸟

　　**特征描述**：下体棕红色的
山雀。头顶及喉部黑色，脸颊
白色，上体橄榄灰色，下体棕
红色。
　　虹膜深色；喙黑色；脚铅
黑色。
　　**生态习性**：栖息于海拔
2000米以上的高山针叶林和竹
林中。
　　**分布**：中国鸟类特有种，
仅分布于甘肃西南部、陕西南
部、四川大部和湖北西部。

四川青川/董磊

四川青川/董磊

# 杂色山雀
Varied Tit

体长：12-14厘米　　居留类型：留鸟

特征描述：头顶和后颈黑色的山雀。头后具白色顶纹，前额、眼先、颊至颈侧乳黄色，上背栗色，其余上体蓝灰色，额、喉黑色，喉与上胸之间有一块不规则的乳黄色斑，胸、腹栗红色，具黄褐色臀纹。台湾岛亚种体型较小，额、两颊至颈侧斑白色，喉与上胸间无乳黄色横斑，上背栗色斑较小或无栗色，无浅色臀纹。

虹膜褐色；喙黑色；脚黑色。

生态习性：栖息于海拔1000米以下的阔叶林、人工林和针阔叶混交林中。

分布：中国有两个亚种，其中亚种*varius*分布于辽宁、吉林，亚种*castaneovent*见于台湾岛中高海拔山区。在广东南岭有一独立种群，近年来分布区扩大至浙江、上海、江苏等地。国外见于日本。

产于台湾和南方的杂色山雀较北方者颜色深/台湾/吴廖富美

辽宁/张明

辽宁/张明

0937

# 棕枕山雀
Rufous-naped Tit

体长：12-13厘米　居留类型：留鸟

特征描述：头、颈、冠羽黑色的山雀。额、喉、胸均为黑色，脸颊白色，后颈有一大块棕色斑，背橄榄灰色，腹灰色，尾下覆羽栗色。

虹膜褐色；喙黑色；脚深灰色。

生态习性：栖息于海拔1500-3500米的山地针叶林、针阔叶混交林和阔叶林中，尤喜针叶林。

分布：中国分布于新疆西部天山、喀什。国外分布于中亚地区、阿富汗、巴基斯坦、克什米尔以及印度和尼泊尔。

新疆阿克陶/丁进清

新疆阿克陶/丁进清

新疆阿克陶/丁进清

新疆阿克陶/丁进清

新疆阿克陶/丁进清

# 黑冠山雀
Rufous-vented Tit

体长：10-12厘米
居留类型：留鸟

　　**特征描述：**头、颈、冠羽黑色的山雀。喉至上胸为黑色，后颈和两颊各有一块大的白色斑，上体暗灰色，下胸至腹部橄榄灰色，尾上覆羽棕色。相似种煤山雀翅上有两道白色翅斑，尾下覆羽不为棕色。

　　虹膜褐色；喙黑色；脚蓝灰色。

　　**生态习性：**栖息于海拔2000-3500米的山地针叶林、竹林和杜鹃灌丛中。

　　**分布：**中国分布于陕西、甘肃、青海、四川、云南和西藏等省区。国外分布于尼泊尔、锡金、不丹、孟加拉、印度和缅甸等地。

甘肃莲花山/郑建平

四川雅江/肖克坚

四川青川/董磊

四川平武/肖克坚

# 煤山雀
Coal Tit

体长：9-12厘米
居留类型：留鸟

　　特征描述：头黑色，具短的黑色羽冠的山雀。颊部白色，颈背部具大块白色斑，上体蓝灰色，翅上有两道白色翅带，下体白色。

　　虹膜褐色；喙黑色；脚青灰色。

　　生态习性：栖息于海拔3000米以下的阔叶林、针叶林和针阔混交林中，也见于竹林、人工林、次生林和林缘灌丛。

　　分布：中国见于东北、华北至华中、新疆、云南、贵州、西藏、台湾岛、华南。国外分布于欧洲、北非、地中海沿岸国家、西伯利亚、东亚。

煤山雀的羽冠因地理种群而异/新疆阿勒泰/张国强

台湾/林月云

0942

四川青川/董磊

福建武夷山/张浩

# 黄腹山雀
Yellow-bellied Tit

体长：9-11厘米
居留类型：留鸟

　　特征描述：头黑色而腹部黄色的小型山雀。雄鸟头、颊、上胸黑色，上背深蓝灰色，脸颊和后颈白色，下背、腰亮蓝灰色，下体黄色，翼上具两排白色点斑，外侧尾羽白色。雌鸟上体灰绿色，颏、喉、颊和耳羽灰白色，其余下体淡黄绿色。

　　虹膜褐色；喙蓝黑色；脚铅灰色。

　　生态习性：栖息于海拔2000米以下的山地各种林中，冬季集大群下到低山和山脚平原地带的次生林、人工林和林缘灌丛地带。

　　分布：中国鸟类特有种，分布于华北及中东部的大部分地区。

雌鸟/北京/沈越

雄鸟/福建福州/曲利明

雄鸟（左）雌鸟（右）/北京/沈越

雄鸟/四川成都/董磊

# 褐冠山雀
Grey-crested Tit

体长：10-12厘米　居留类型：留鸟

特征描述：具有长羽冠的灰褐色山雀。头顶和冠羽褐灰色或灰色，具皮黄色与白色的半颈环，其余上体暗灰色，下体淡棕色或棕褐色。
　　虹膜褐色；喙黑色；脚铅黑色。
　　生态习性：栖息在海拔2500-4200米的高山针叶林中，也见于杉木、栎树、箭竹等针阔混交林、栎林、次生杨桦林和林缘灌丛。
　　分布：中国分布于西藏、云南、四川、陕西、甘肃和青海等地区。国外分布于尼泊尔、锡金、不丹、印度和缅甸等地。

甘肃莲花山/郭天成

西藏/张永

甘肃莲花山/沈越

四川绵阳/王昌大

四川雅江/董磊

# 大山雀
Great Tit

体长：13-15厘米　居留类型：留鸟

特征描述：脸有白色斑的大型山雀。亚种*kapustini*头、喉黑色，脸颊及颈部白色，背部黄绿色，翼上具一道白色翅斑，下体黄色，一道黑色带自前胸延至腹下。亚种*bokharensis*曾作为独立种西域山雀，现将其作为本种的亚种，尾羽较长，背部纯灰色。
虹膜褐色；喙黑色；脚暗褐色。
生态习性：栖息于针叶林、针阔叶混交林和阔叶林中。
分布：中国分布于极东北、新疆北部。国外分布于欧洲、北非直至北亚。

新疆阿勒泰/张国强

新疆布尔津/沈越

新疆阿勒泰/张国强

新疆布尔津/沈越

新疆布尔津/沈越

# 远东山雀

Japanese Tit

体长：13-14厘米　　居留类型：留鸟

特征描述：上体黄绿色的山雀。似大山雀，但下体白色，体型也略小。
虹膜褐色；喙黑色；脚暗褐色。
生态习性：栖息于低山和山麓地带的次生阔叶林、阔叶林和针阔叶混交林中，也适应人工林和针叶林。
分布：中国分布于东北、华北、华中、华东、华南、青藏高原。国外分布于东亚、东南亚。

云南昆明/沈越

福建福州/曲利明

北京/沈越

北京/沈越

# 苍背山雀
Cinereous Tit

体长：13-13.5厘米
居留类型：留鸟

　　特征描述：外形似远东山雀。上体无黄绿色，在中国分布的仅有*hainanus*亚种，原为大山雀的亚种，现为独立种*Parus cinereus*下的亚种。

　　虹膜褐色；喙黑色；脚暗褐色。

　　生态习性：栖息于各种类型的林地中。

　　分布：中国仅分布于海南岛。国外分布于中亚、阿富汗、巴基斯坦、印度、东南亚。

幼鸟/香港/李锦昌

成鸟/香港/李锦昌

# 眼纹黄山雀
Himalayan Black-lored Tit

体长：12-13厘米
居留类型：留鸟

特征描述：头顶和冠羽黑色的山雀。头侧和枕部鲜黄色，黑色过眼纹从额部一直延伸至颈侧，上背黄绿色，肩部具黑色斑块，翅具两道斑，下体黄绿色，颏、喉、胸黑色并从腹中部延伸至尾下覆羽。

虹膜棕褐色；喙角质黑色；脚铅黑色。

生态习性：栖息于海拔1000-2400米的开阔树林和林缘灌丛中。

分布：中国边缘性地分布于西藏南部。国外分布于印度次大陆。

西藏樟木/张明

西藏樟木/张明

陕西洋县/沈越

# 绿背山雀
Green-backed Tit

体长：11-13厘米
居留类型：留鸟

特征描述：头黑色的山雀。脸颊白色，上体黄绿色，腰蓝灰色，翅具两道白色斑。下体黄色，腹中央一条黑色宽带自喉、胸部延伸到下腹。

虹膜褐色；喙黑色；脚铅黑色。

生态习性：栖息在海拔1200-3000米的山地针叶林、针阔叶混交林、阔叶林和次生林中，冬季生活地海拔下降。

分布：中国分布于中部、西南、西藏南部和台湾岛。国外分布于喜马拉雅山脉、巴基斯坦、老挝、越南及缅甸。

四川瓦屋山/白文胜

台湾/吴威宪

# 黄颊山雀
Yellow-cheeked Tit

体长：12-13厘米　居留类型：留鸟

特征描述：甚似眼纹黄山雀。眼线为黄色，上体黑色条纹区域更广。分布于华南的亚种rex上体蓝灰色，下体灰色。
虹膜暗褐色；喙黑色；脚铅黑色。
生态习性：栖息于海拔2000米以下的低山常绿阔叶林、针阔叶混交林、针叶林、人工林和林缘灌丛等各类生境。
分布：中国见于华南和西南。国外分布于尼泊尔、锡金、不丹、孟加拉、印度、缅甸、泰国、越南。

福建/张永

福建/张永

云南/吴崇汉

福建将乐县/张国强

江西武夷山/林剑声

# 台湾黄山雀
Yellow Tit

保护级别：IUCN：近危　　体长：13厘米　　居留类型：留鸟

　　特征描述：额、脸颊及下体明黄色的山雀。冠羽长而黑色，枕后白色，上体苍绿色，翅、尾蓝灰色，尾羽端部及外侧尾羽白色。雄鸟下腹部具黑色斑。
　　虹膜深褐色；喙黑色；脚灰色。
　　生态习性：栖息于海拔1000-2500米茂密的阔叶林和针阔混交林中。
　　分布：中国鸟类特有种，仅分布于台湾岛。

台湾/吴崇汉

雌鸟/台湾/吴崇汉

雄鸟/台湾/陈世明

# 地山雀
Ground Tit

体长：19厘米
居留类型：留鸟

　　特征描述：喙细长而稍向下弯曲山雀。上体沙灰色，项圈皮黄白色，下体近白色，中央尾羽黑褐色，其余尾羽黄白色。

　　虹膜深褐色；喙黑色；脚黑色。

　　生态习性：栖息在海拔3000-5000米的高原草原地带。地栖性，常以家族群活动，利用洞穴为巢，具有合作繁殖的习性。

　　分布：中国鸟类特有种，仅分布于青藏高原、新疆西南部、甘肃、宁夏、四川西部和云南东北部。

青海/张永

四川/陈久桐

四川色达/肖克坚

四川/陈久桐

# 灰蓝山雀
Azure Tit

体长：11-14厘米
居留类型：留鸟

　　特征描述：头白色的山雀。后颈具一黑色领环并与蓝黑色过眼纹相连的山雀。上体浅灰蓝色，翅具一道白色斑，尾深蓝色，外侧尾羽白色，下体灰白色，腹中部有一黑色斑。亚种 *berezowskii* 前胸黄色。

　　虹膜深褐色；喙深灰色；脚深灰色。

　　生态习性：栖息于山地和平原地带的阔叶林和混交林中，尤以山溪、河流和湖泊沿岸的树林和灌丛中较常见。

　　分布：中国见于黑龙江、内蒙古、新疆、青海。国外广布于欧亚大陆中部和东部、印度西北部和巴基斯坦。

新疆布尔津/沈越

新疆福海/杨玉和

新疆/张明

收集巢材，与其他山雀类似，灰蓝山雀也在洞穴中营巢/新疆阿勒泰/张国强

# 黄眉林雀
Yellow-browed Tit

体长：9-10厘米
居留类型：留鸟

特征描述：具有黄色眉纹、全身黄绿色的山雀。上体橄榄绿色，具短的冠羽，眼圈狭窄呈黄色，黄色眉纹短粗，喙和脚粗壮。下体淡黄绿色。

虹膜暗褐色；喙暗铅色；脚铅黑色。

生态习性：栖息于海拔3000米以下的山地常绿阔叶林、针阔混交林、针叶林中，也栖息于竹林、次生林和林缘灌丛。

分布：中国见于西藏南部和东南部、四川、云南西部、贵州、福建。国外分布于喜马拉雅山脉和越南南部。

四川成都/董磊

福建武夷山/张浩

四川成都/董磊

四川成都/董磊

# 冕雀
Sultan Tit

体长：17-20厘米
居留类型：留鸟

　　**特征描述**：大型山雀。雄鸟前额、头顶以及长冠羽金黄色，头、上体、喉、胸黑色，其余下体辉黄色。雌鸟喉、胸橄榄黄色，上体沾橄榄色。

　　虹膜褐色；喙黑色；脚灰色。

　　**生态习性**：栖息于海拔1000米以下的常绿阔叶林和热带雨林中，也见于落叶阔叶林、次生林、竹丛和灌丛。

　　**分布**：中国见于云南、广西、福建、海南岛。国外分布于喜马拉雅山脉和东南亚。

福建三明/白文胜

福建将乐/郑建平

云南西双版纳/Craig Brelsford大山雀

海南尖峰岭/肖克坚

# 白冠攀雀
White-crowned Penduline Tit

体长：9~12厘米
居留类型：夏候鸟、旅鸟

特征描述：头顶白色的攀雀。额及脸罩黑色，领环白色，上背暗栗色，下体白色。喙尖锥形。

虹膜红褐色；喙灰色；脚灰黑色。

生态习性：栖息于邻近湖泊、河流等湿地生境的森林与灌丛中，也栖息于平原地带的人工林和芦苇丛中以及果园、住宅附近的小林内。树栖性，善攀援，常倒悬于树枝头。巢呈囊状，悬吊于树枝末梢或营巢于树洞中。

分布：中国分布于新疆、宁夏。国外分布于中亚、俄罗斯、蒙古。

新疆布尔津/沈越

攀雀常采集水生和本科植物的种子，用以絮窝/新疆阿勒泰/张国强

攀雀编织精巧复杂的葫芦状悬巢/新疆布尔津/沈越

细长柔软的纤维是用于垫至巢内的保温材料/新疆阿勒泰/张国强

# 中华攀雀
Chinese Penduline Tit

体长：10-11厘米　　居留类型：夏候鸟、旅鸟、冬候鸟

特征描述：头顶灰色的攀雀。脸罩黑色，后颈和颈侧暗栗色，其余上体沙棕色，下体皮黄色。喙尖锥形。
虹膜暗褐色；上喙黑褐色，下喙灰黑色；脚铅黑色。
生态习性：栖息在开阔平原、半荒漠地区的疏林内，尤以临近河流、湖泊等水域的阔叶林中较常见．迁徙期间也见于芦苇丛。繁殖期以外多集小群活动。
分布：中国繁殖于东北地区，迁徙时经华北、华东，至长江中下游流域越冬，少量至华南、云南越冬。国外分布于俄罗斯、朝鲜半岛、日本。

福建闽江口/高川

福建长乐/郑建平

中华攀雀的巢有狭长的入口/辽宁/张明

换羽中的成鸟（下）和幼鸟（上）/辽宁/张明

# 火冠雀
Fire-capped Tit

体长：8-11厘米　居留类型：留鸟

特征描述：前额红色的攀雀。喙短直而尖，上体橄榄绿色，颏、喉、胸橙黄色或黄绿色，其余下体灰绿色。
虹膜暗褐色；喙灰褐色；脚灰色。
生态习性：栖息于高山针叶林和针阔叶混交林中，也见于林线上缘杜鹃灌丛和低山平原树林中。
分布：中国见于西藏西南部和东部、云南、四川、贵州、甘肃南部。国外分布于喜马拉雅山脉、泰国北部。

陕西洋县/郭天成

四川唐家河国家级自然保护区/邓建新

四川唐家河国家级自然保护区/邓建新

# 文须雀
Bearded Reedling

体长：15-18厘米　居留类型：留鸟

　　特征描述：体型略小、尾甚长而整体修长，喙尖细的黄褐色或灰色鸦雀。雄鸟头灰色，眼先和眼周黑色，具长的黑色髭纹。喙较直而尖。上体棕黄色，翅黑色并具白色翅斑，尾长，外侧尾羽白色。雌鸟头无黑色。
　　虹膜淡褐色；喙橘黄色；脚黑色。
　　生态习性：栖息于湖泊及河流沿岸的芦苇沼泽中，常成对或集小群活动，有时集大群。喜欢在靠近水面的芦苇下部活动。
　　分布：中国见于北方地区。国外分布于欧洲直至中亚、西伯利亚、日本。

雄鸟/新疆阿勒泰/张国强　　　　　　　　　　　　　　　　　　　　　雄鸟/新疆克拉玛依/赵勃

雄鸟/黑龙江大庆/张明

雌鸟/黑龙江大庆/张明

新疆阿勒泰/张国强

# 二斑百灵
Bimaculated Lark

体长：18-19厘米
居留类型：冬候鸟、旅鸟

　　特征描述：体型大而尾短的百灵。喙粗壮，上体暗褐色，头及上背具黑色纵纹，与浅色枕部及腰部对比明显，具粗的黑色过眼线，具一宽的白色眉纹和明显的眼圈。

　　虹膜褐色；喙褐色，喙端近黑色；脚肉色。

　　生态习性：栖息于有稀疏植物的开阔平原和半荒漠地带。

　　分布：中国仅见于新疆西部。国外分布于北非、西亚、中亚、南亚。

雄鸟/新疆奎屯/文志敏

雄鸟/新疆奎屯/文志敏

# 草原百灵
## Calandra Lark

体长：18-22厘米　居留类型：留鸟

特征描述：上体沙褐色并具黑褐色纵纹的百灵。上胸两侧具黑色斑，次级飞羽具较大的白色端斑，翅下黑色而具宽阔的白缘，下体白色，外侧尾羽几乎全为白色。相似种二斑百灵体型较小，尾短，上体黑色纵纹较细，外侧尾羽仅尖端白色，胸侧黑斑较小，次级飞羽无大的白色端斑，翼下无白色后缘。

虹膜褐色；喙肉色；脚淡褐色。

生态习性：栖息于多草的开阔地区。

分布：中国见于新疆。国外分布于外里海地区、中亚、西亚。

新疆伊犁/李锦昌

# 蒙古百灵
Mongolian Lark

体长：17-22厘米　　居留类型：留鸟

　　特征描述：头顶中部棕黄色的百灵。头四周栗红色，眉纹长而呈棕白色，上体栗褐色，翅具明显的白色斑，下体白色，上胸两侧各具一黑色块斑。
　　虹膜褐色；喙褐色，下喙基部近黄色；脚橘黄色。
　　生态习性：栖息于草原、半荒漠等开阔地区，尤其喜欢草本植物生长茂密湿润的草原地区。经常出入于河流和湖泊岸边的草地上。
　　分布：中国分布于东北、内蒙古、华北、陕西、青海、甘肃。国外分布于俄罗斯、蒙古、朝鲜半岛。

内蒙古/王昌大

内蒙古达理诺尔/沈越

蒙古百灵标志性的白色飞羽仅在飞起时可见/内蒙古达理诺尔/沈越

内蒙古/张明

# 长嘴百灵
Tibetan Lark

体长：19-23厘米　居留类型：留鸟

特征描述：喙厚而长、末端微曲的大型百灵。次级飞羽和三级飞羽具白色尖端，外侧尾羽白色。
虹膜暗褐色；喙角褐色或黄色，尖端黑色；脚黑色。
生态习性：栖息于开阔的草原和牧场上，尤喜湿润的草地，也出现于裸露的平原和沼泽地带。
分布：中国分布于新疆、西藏、甘肃、四川、青海。国外分布于中亚。

取食于矮草地是多种百灵科鸟类的共性/青海橡皮山/沈越

四川若尔盖/董磊

四川若尔盖/董磊

青海/林剑声

青海/林剑声

# 黑百灵

Black Lark

体长：18-22厘米
居留类型：夏候鸟、冬候鸟

　　**特征描述**：体型大的百灵。喙厚，雄鸟通体黑色，雌鸟和幼鸟上体灰褐色并具暗色斑点，下体白色而具黑色条纹。

　　虹膜褐色；喙肉色或淡黄色；脚黑色。

　　**生态习性**：栖息于开阔的平原、草地和半荒漠地区，也栖息于干燥的盐碱平原、草地和山脚平原地带。

　　**分布**：中国见于新疆北部。国外分布于哈萨克斯坦和俄罗斯。

换羽中的雄鸟/新疆阿勒泰/张国强

雌鸟/新疆/张明

群飞/新疆阿勒泰/邢睿

雄鸟繁殖羽/新疆/张明

# 大短趾百灵
## Greater Short-toed Lark

体长：14-17厘米
居留类型：夏候鸟、旅鸟、冬候鸟

　　特征描述：中等体型的沙色百灵。身上具黑色纵纹，眉纹短而呈白色，外侧尾羽白色，下体黄白色，上胸两侧有小块黑色斑。

　　虹膜暗褐色；喙黄褐色，端部近黑色；脚肉色。

　　生态习性：栖息于开阔的干旱平原、荒漠及半荒漠地带，在有稀疏植物和矮小灌丛的干旱沙石平原和荒漠地带也较常见，还出现于近水草地和农田地带。

　　分布：中国在新疆、东北和西北地区为夏候鸟，河北、山东、山西、陕西、河南、江苏、四川、云南、西藏等地主要为冬候鸟。国外分布于欧亚大陆及非洲北部。

新疆木垒/邢睿

注意颈侧的黑色斑/新疆布尔津/邢睿

新疆阿勒泰/张国强

和许多百灵科鸟类一样，紧张或兴奋时，大短趾百灵的顶冠羽毛也会竖起/新疆阿勒泰/张国强

# 细嘴短趾百灵
Hume's Short-toed Lark

体长：14-16厘米
居留类型：夏候鸟、旅鸟、留鸟

　　特征描述：典型的灰褐色草原鸟类。颈侧具黑色的小块斑，上体具少量近黑色纵纹，眉纹皮黄色。外形与大短趾百灵相似，但上体色更灰，纵纹更少，喙更细长，头部对比也不如前者明显。
　　虹膜暗褐色；喙黄褐色，喙峰和尖端黑色；脚肉色。
　　生态习性：栖息于干旱平原、高原、多砾石的山地平原、盐碱荒漠、半荒漠等干旱环境。
　　分布：中国见于四川、甘肃、青海、西藏、新疆。国外分布于中亚、哈萨克斯坦、阿富汗北部、巴基斯坦、伊朗东部、帕米尔和克什米尔等地区，越冬于印度。

青海隆宝自然保护区/张铭

青海隆宝自然保护区/张铭

# 亚洲短趾百灵
## Asian Short-toed Lark

体长：14-16厘米
居留类型：夏候鸟、旅鸟、留鸟

内蒙古阿拉善左旗/沈越

**特征描述：** 外形似大短趾的百灵。体型较小，颈部无黑色斑，喙较粗短，胸和体侧具暗褐色纵纹，静立时可以见到初级飞羽长于三级飞羽。

虹膜褐色；喙黄褐色或灰褐色；脚肉色。

**生态习性：** 栖息于平原、草地和半荒漠地区，尤其喜欢水域附近的沙砾草滩和草地。

**分布：** 中国主要分布于黑龙江、吉林、辽宁、内蒙古、河北、山东、江苏、山西、宁夏、陕西、甘肃、青海、新疆、西藏等地。国外分布于中亚、哈萨克斯坦、蒙古等地。

在北京郊外，冬季常可见亚洲短趾百灵结群在无雪覆盖的光秃平地取食，但几不见于农田/北京/张永

# 凤头百灵
Crested Lark

体长：16-19厘米　　居留类型：夏候鸟、旅鸟、留鸟

　　**特征描述**：体型略大的具褐色纵纹的百灵。上体沙棕色，具黑褐色纵纹，头具羽冠。喙长而下弯。下体黄白色，胸部密布黑褐色纵纹。

　　虹膜暗褐色；喙黄色；脚肉色。

　　**生态习性**：喜欢栖息于植被稀疏的干旱平原和半荒漠地区。

　　**分布**：中国分布于辽宁、河北、河南、山东、山西、陕西、宁夏、甘肃、内蒙古、新疆、青海、四川、西藏等地。国外广泛分布于欧亚大陆和非洲。

内蒙古达理诺尔/沈越

内蒙古阿拉善左旗/王志芳

内蒙古/王昌大

内蒙古/张明

新疆阿勒泰/张国强

# 云雀
Eurasian Skylark

体长：16-19厘米　居留类型：夏候鸟、旅鸟、冬候鸟

特征描述：身体灰褐色的云雀。头具冠羽，眉纹白色或棕白色，面颊栗色，最外侧一对尾羽白色，翼后缘白色。
虹膜暗褐色；喙黑褐色；脚肉色。
生态习性：栖息于开阔的平原、草地、沼泽、农田等生境。常高空振翅飞行时鸣唱，然后急趋直下。
分布：中国繁殖于黑龙江、吉林、内蒙古、河北以及新疆等地，越冬于辽宁、河北南部、山东、江苏、广东、香港、黄河中下游和长江中下游地区。国外分布于欧洲、非洲北部和东部、亚洲。

云雀悬停/新疆塔城/邢睿

云雀的短羽冠也时常竖起/四川若尔盖/董磊

四川若尔盖/董磊

新疆阿勒泰/张国强

北京/张永

# 小云雀
Oriental Skylark

体长：14-17厘米　　居留类型：夏候鸟、旅鸟、冬候鸟

特征描述：外形似云雀。但体型较小，翼后缘白色不明显，三级飞羽长及初级飞羽端部。
虹膜暗褐色；喙褐色，下喙基部淡黄色；脚肉黄色。
生态习性：栖息于多草的开阔地区。
分布：中国多见于中南部的广大地区。国外见于中亚和南亚地区。

江西南昌/王揽华

青海青海湖/沈越

江西/曲利明

福建福州/郑建平

在兴奋或紧张时，小云雀的短翅冠也常立起/台湾/吴崇汉

# 角百灵
Horned Lark

体长：15-19厘米　　居留类型：夏候鸟、旅鸟、冬候鸟

　　**特征描述：**中等体型，头胸部黑白色图纹鲜明的褐灰色百灵。雄鸟头顶前端由黑色长羽形成的羽簇后延，形成"角"，下体白色具宽阔的黑色胸带。
　　虹膜褐色；喙灰黑色；脚黑色。
　　**生态习性：**栖息于高原、草地、荒漠、半荒漠、戈壁滩和高山草甸等干旱草原地区。
　　**分布：**中国主要分布于黑龙江、吉林、辽宁、河北、山西、内蒙古、宁夏、甘肃、青海、四川、西藏、新疆等地。国外广泛分布于欧亚大陆、非洲和北美洲。

幼鸟/青海青海湖/高川

在兴奋或紧张时，角百灵的"双角"可以竖起/内蒙古/张明

新疆阿勒泰/张国强

在北京郊区，角百灵冬季出现在雪覆盖的光秃裸地，几不见于农田/青海/杨华

青海青海湖/沈越

# 凤头雀嘴鹎
Crested Finchbill

体长：18-22厘米　居留类型：留鸟

　　特征描述：橄榄绿色的鹎类。头顶黑色，前额和脸灰色，具长而前伸的黑色冠羽，上体橄榄绿色，下体黄绿色，尾羽黄绿色，具宽阔的黑褐色端斑。
　　虹膜棕褐色；喙粗短，象牙色；脚肉色。
　　生态习性：栖息于海拔1000-3000米间的各种林地、灌丛中。
　　分布：中国见于云南及四川西南部。国外分布于印度、孟加拉国、缅甸、老挝、越南和泰国。

云南/张永

云南百花岭/郭天成

云南瑞丽/董磊

幼鸟/云南/张浩

# 领雀嘴鹎
Collared Finchbill

体长：17-21厘米　居留类型：留鸟

特征描述：偏绿色的鹎类。头黑色，喙短而粗厚，喙基周围白色，脸颊具白色细纹，前颈有一白色颈环，上体暗橄榄绿色，喉黑色，其余下体橄榄黄色，尾黄绿色，具暗色端斑。
　　虹膜灰褐色；喙象牙色；脚灰褐色。
　　生态习性：栖息于海拔400-2000米的各种林地、灌丛及平原地带。冬季常集大群活动。
　　分布：中国分布北至甘肃东南部、河南和陕西南部，西至四川、云南、贵州，东至沿海各省区。国外仅见于越南北部。

北京/张明

出巢一段时间的幼鸟（左一、左二）还依赖亲鸟（右一）喂食/江西婺源/曲利明

福建福清/姜克红

鹎科鸟类大量取食乔、灌木果实，是重要的种子传播者/福建福州/张浩

与不甚结群的凤头雀嘴鹎不同，领雀嘴鹎结成很大的群体，尤其在冬季/江西婺源/曲利明

# 纵纹绿鹎
Striated Bulbul

体长：20-24厘米　　居留类型：留鸟

　　特征描述：头具明显的冠羽的橄榄绿色鹎类。眼圈黄色，上体橄榄绿色，具细的白色纵纹，喉和尾下覆羽黄色，其余下体暗灰黑色，密布黄白色纵纹。
　　虹膜棕褐色；喙黑色；脚黑色。
　　生态习性：栖息于海拔1000-2500米的山地森林中。
　　分布：中国见于云南及广西南部。国外分布于喜马拉雅山脉及中南半岛。

云南百花岭/郭天成

云南百花岭/郭天成

云南/张明

1000

# 黑头鹎
Black-headed Bulbul

体长：17-19厘米
居留类型：留鸟

特征描述：黄绿色的中型鹎类。头部黑色，上体黄橄榄色，两翼及尾偏黑色，具明显的黄色尾端，下体黄绿色，体色与黑冠黄鹎相似，但不具羽冠。

虹膜浅蓝色；喙黑色；脚暗褐色。

生态习性：常单独或成对活动于低山次生阔叶林、沟谷雨林及林缘灌丛中。

分布：中国在云南西双版纳有记录。国外见于印度东北部、东南亚地区。

云南/吴崇汉

云南/吴崇汉

# 黑冠黄鹎

Black-crested Bulbul

体长：18-21厘米　　居留类型：留鸟

特征描述：具长而直立的黑色冠羽的鹎类。整个头和喉部黑色，上体橄榄黄绿色，下体橄榄黄色。
虹膜金黄色；喙黑色；脚黑色。
生态习性：分布于高至海拔1800米的常绿阔叶林或灌丛中。
分布：中国见于云南和广西西南部。国外分布于印度、缅甸、斯里兰卡、中南半岛、马来西亚和印度尼西亚等地。

云南/吴崇汉

云南/张明

云南西双版纳/沈越

# 红耳鹎
Red-whiskered Bulbul

体长：17-21厘米
居留类型：留鸟

广西/张永

特征描述：头顶有耸立的黑色羽冠的鹎类。额至头顶黑色，眼后下方有一鲜红色斑，耳羽和颊白色，上体褐色，尾黑褐色，外侧尾羽具白色端斑，下体白色，胸侧有黑褐色横带，尾下覆羽红色。

虹膜褐色；喙黑色；脚黑色。

生态习性：栖息于高至1500米的各种林地、农田、灌丛、城市公园中。

分布：中国见于西藏、云南、贵州、广西、广东。国外分布于喜马拉雅山脉、中南半岛及马来半岛。

福建福州/张浩

# 黄臀鹎

Brown-breasted Bulbul

体长：17-21厘米
居留类型：留鸟

　　特征描述：中等体型的鹎类。头黑色，下喙基部两侧各有一小红色斑，耳羽灰褐色，上体褐色，下体白色，胸具灰褐色横带，尾下覆羽鲜黄色。

　　虹膜褐色；喙黑色；脚黑色。

　　生态习性：栖息于中低山的各种林地、农田、灌丛中。

　　分布：中国见于西南、华中、东南各省，北至甘肃南部。国外分布于缅甸东北部、老挝北部和越南北部。

江西婺源/曲利明

黄臀鹎偶尔下至地面饮水、取食/江西婺源/曲利明

云南/张明

四川绵阳/董磊

江西婺源/曲利明

# 白头鹎

Light-vented Bulbul

体长：17-22厘米　　居留类型：留鸟

特征描述：中等体型的橄榄绿色鹎类。头部黑色，具白色枕环（亚种*hainanus*枕部无白色），耳羽后部有一白色斑，上体灰褐色或橄榄灰色，具黄绿色羽缘，颏、喉白色，胸灰褐色，下体白色。
虹膜褐色；喙黑色；脚黑色。
生态习性：栖息于海拔1000米以下的各种林地、灌丛、农田。
分布：中国分布于中东部大部分地区和云南、贵州、四川及海南岛，近年来种群向北扩张到沈阳，并已经在北方地区形成稳定种群。国外见于琉球群岛、越南北部，韩国有零星记录。

江苏盐城/孙华金

海南的白头鹎白头不显/海南/张明

江西婺源/曲利明

21世纪以来，白头鹎已渐成为北京的常见鸟。冬季它们也大量取食金银忍冬的浆果/北京/沈越

北京/沈越

# 台湾鹎
Styan's Bulbul

保护级别：IUCN：易危　　体长：18厘米　　居留类型：留鸟

特征描述：中等体型的鹎类。似白头鹎，但自头顶至后颈全为黑色，枕无白带，颊和耳羽白色。
虹膜褐色；喙黑色，下喙基部有一橙红色小斑点；脚黑色。
生态习性：栖息于低山和平原的次生阔叶林、疏林灌丛、农田及城市公园。
分布：中国鸟类特有种，仅分布于台湾岛。

台湾/张永

台湾/吴崇汉

台湾/吴崇汉

台湾/吴崇汉

台湾/陈世明

# 白颊鹎

Himalayan Bulbul

体长：20厘米
居留类型：留鸟

　　特征描述：中等体型的橄榄褐色鹎类。头顶具长而前弯的褐色冠羽；脸、颊及喉部黑色，具白色颊斑。上体橄榄褐色，下体近白色。尾下覆羽浅黄色，尾黑而端白色。

　　虹膜深褐色；喙黑色；脚黑色。

　　生态习性：栖息于海拔300-1800米的干热河谷中的各种林地。

　　分布：中国仅见于西藏樟木。国外分布于印度西北部及喜马拉雅山脉。

西藏日喀则/李锦昌

与很多鹎一样，白颊鹎也会受到有甜味的花蜜吸引/西藏/张永

# 黑喉红臀鹎
Red-vented Bulbul

体长：19-23厘米　　居留类型：留鸟

特征描述：中等体型的偏褐色鹎类。头、喉黑色，具短的冠羽，背部暗褐色至黑褐色，具灰色羽缘，腰近白色，下体暗褐色或黑褐色，具灰色羽缘，腹白色，尾下覆羽血红色。

虹膜深褐色；喙黑色；脚黑色。

生态习性：栖息于海拔1000米以下的灌丛、竹林、林缘、农田等地。

分布：中国见于云南西部。国外分布于缅甸、印度、巴基斯坦、斯里兰卡。

云南/杨华

云南/张明

云南西双版纳/董磊

# 白喉红臀鹎
Sooty-headed Bulbul

体长：18-23厘米　居留类型：留鸟

特征描述：头黑色、身灰褐色、尾下覆羽红色、略具短羽冠的鹎类。头顶黑色，下喉白色，耳羽灰白色，上体灰褐色，腰白色，下体灰白色，尾下覆羽红色。
虹膜红色；喙黑色；脚黑色。
生态习性：栖息于低山丘陵和平原地带的次生阔叶林、竹林、灌丛中。
分布：中国分布于东南和西南地区。国外见于印度、斯里兰卡、东南亚。

云南西双版纳/沈越

广西/杨华

福建福州/张浩

云南西双版纳/王昌大

福建长泰/曲利明

# 黄绿鹎
Flavescent Bulbul

体长：19-22厘米　　居留类型：留鸟

特征描述：全身橄榄绿色的鹎类。眼先黑色，上有显著白色纹，脸、喉、胸灰色，尾下覆羽黄色。
虹膜褐色；喙黑色；脚灰色。
生态习性：栖息于海拔1000-2000米的阔叶林、竹林和林缘灌丛中。
分布：中国见于云南、广西。国外分布于印度、中南半岛、印度尼西亚。

云南腾冲/郭天成

云南/张明

云南那邦/沈越

# 黄腹冠鹎
## White-throated Bulbul

体长：19-24厘米
居留类型：留鸟

　　特征描述：头顶橄榄褐色的鹎类。具冠羽，头侧灰白色，上体橄榄黄色，两翅黑褐色，喉白色而膨起，其余下体鲜黄色。
　　虹膜褐色；喙黑色；脚粉红色。
　　生态习性：栖息于海拔1500米以下的常绿林中。
　　分布：中国见于云南、西藏。国外分布于喜马拉雅山脉至缅甸、泰国。

云南西双版纳/董磊

黄腹冠鹎与白喉冠鹎均不常结群活动/云南瑞丽/董磊

# 白喉冠鹎
Puff-throated Bulbul

体长：20-25厘米　居留类型：留鸟

　　**特征描述：**体型大的喧闹鹎类。头顶红褐色，有长而细的冠羽，头侧灰色，上体橄榄绿色，有时染黄色，飞羽暗褐色，尾下覆羽皮黄色。
　　虹膜褐色；喙黑色；脚褐色。
　　**生态习性：**栖息于海拔1500米以下的常绿林和开阔林地。
　　**分布：**中国分布于云南、贵州、广西及海南岛。国外分布于缅甸、泰国、老挝、越南等地。

海南/张明

# 灰眼短脚鹎
Grey-eyed Bulbul

体长：17-21厘米
居留类型：留鸟

特征描述：中等体型的淡橄榄色鹎类。头具短冠羽，眼浅灰色或白色，上体橄榄绿色，尾棕褐色，尾下覆羽黄褐色。

虹膜白色；喙粉灰色；脚粉色。

生态习性：栖息于海拔1500米以下的各种林地和灌丛中。

分布：中国见于云南和广西。国外分布于东南亚。

云南/张永

云南那邦/沈越

# 绿翅短脚鹎

Mountain Bulbul

体长：20-26厘米　　居留类型：留鸟

特征描述：体型大而喜喧闹的橄榄色鹎类。头顶栗褐色，具白色羽轴纹，冠羽短而尖，上体及尾绿色，喉白色并具褐色纵纹，上胸棕色，腹白色。尾下覆羽浅黄色。

虹膜褐色；喙黑色；脚粉色。

生态习性：栖息于海拔800-2500米的各种林地。

分布：中国分布于西藏、云南、华南、东南、海南岛。国外见于喜马拉雅山脉、缅甸、中南半岛。

福建福州/姜克红

福建福州/曲利明

云南腾冲/沈越

福建福州/张浩

福建福州/曲利明

# 栗耳短脚鹎
Brown-eared Bulbul

体长：27-28厘米　　居留类型：留鸟、旅鸟、冬候鸟

特征描述：体型甚大的灰色鹎类。头顶及枕灰色，略具冠羽，耳羽和颈侧栗色，上体灰褐色，喉及胸灰色，腹部偏白色，尾下覆羽暗灰色，具白色羽缘。
虹膜褐色；喙深灰色；脚黑色。
生态习性：栖息于低山阔叶林、混交林和林缘地带，也出没于公园、果园等生境。
分布：中国分布于东北、华北、华东、台湾岛。国外见于日本、朝鲜半岛、菲律宾、印度尼西亚。

台湾/林月云

栗耳短脚鹎在中国东北和华北是罕见的冬候鸟/辽宁/张永

台湾/林月云

# 灰短脚鹎
## Ashy Bulbul

体长：19-22厘米　　居留类型：留鸟

特征描述：中等体型的鹎类。头顶和短的冠羽黑色，耳羽粉褐色。上体暗灰色，两翅黑褐色，具大块黄绿色斑，喉白色，胸灰色，其余下体白色。

虹膜褐红色；喙深褐色；脚深褐色。

生态习性：栖息于海拔500-1500米的各种林地。

分布：中国见于云南、西藏。国外分布于喜马拉雅山脉、东南亚。

云南/张明

云南德宏/李锦昌

云南瑞丽/廖晓东

# 栗背短脚鹎

Chestnut Bulbul

体长：18-22厘米
居留类型：留鸟

　　特征描述：体型略大的栗色鹎类。头顶和冠羽黑色，上体栗色，翅和尾暗褐色，喉白色，胸和两胁灰白色，腹中央和尾下覆羽白色。

　　虹膜褐色；喙深褐色；脚深褐色。

　　生态习性：栖息于低山丘陵地区的次生阔叶林、林缘灌丛和稀树灌丛中。

　　分布：中国见于华南、东南地区及海南岛。国外分布于越南东北部。

福建福州/姜克红

福建福州/曲利明

浙江杭州/张明

福建福州/张浩

# 黑短脚鹎
Black Bulbul

体长：22-26厘米　　居留类型：留鸟、夏候鸟、冬候鸟

特征描述：通体黑色的鹎类。尾呈浅叉状，部分亚种头、颈白色，其余通体黑色。
虹膜褐色；喙鲜红色；脚橙红色。
生态习性：栖息于高至海拔3000米的各种林地，冬季有时集大群。
分布：中国见于华中、华南、东南、西南、西藏及海南岛。国外分布于南亚、中南半岛。

四川成都/董磊

福建/曲利明

黑头型个体/福建福州/张浩

云南/张明

# 崖沙燕
Sand Martin

体长：12-14厘米　居留类型：留鸟

特征描述：沙土色的小型燕类。上体沙灰色，下体白色，具显著的宽而褐色的胸带，尾呈叉状。
虹膜深褐色；喙黑褐色；脚灰褐色。
生态习性：成群栖息于河流、沼泽、湖泊岸边的沙滩、沙丘和砂质岩坡上。
分布：中国繁殖于东北，迁徙时经过华东、华南。国外分布于北美、欧洲至中亚、俄罗斯、日本、蒙古，越冬于南美、非洲、南亚、东南亚。

等待亲鸟喂食的幼鸟/青海茶卡/高川

内蒙乌梁素海/张代富

崖沙燕结群在沙土质的陡壁上凿洞为巢/内蒙古/张明

台湾/吴威宪

台湾/吴威宪

# 淡色沙燕
Pale Martin

体长：11-12.5厘米　　居留类型：留鸟

特征描述：外形与崖沙燕甚似。但体型略小，胸带色浅，尾羽分叉略浅。
虹膜深褐色；喙黑褐色；脚灰褐色。
生态习性：同崖沙燕。
分布：中国分布于西北、青藏高原、华中、华东及华南地区。国外分布于俄罗斯、中亚、印度、巴基斯坦、尼泊尔等地。

台湾/吴敏彦

新疆塔城/李锦昌

台湾/吴敏彦

# 家燕

Barn Swallow

体长：15-19厘米　居留类型：夏候鸟

特征描述：黑色闪金属光泽的中型燕类。头及上体蓝黑色，额及喉部红色，具蓝色胸带，其余下体白色，尾长而深分叉，近尾端处具白色斑。幼鸟尾相对较短。

虹膜暗褐色；喙黑褐色；脚黑色。

生态习性：喜欢栖息在人类居住的乡村和城镇里。巢为碗状，常筑在屋檐下，常低飞捕捉小昆虫。

分布：几乎遍及中国。国外分布几乎遍及全球。

福建福州/姜克红

在中国东部的一些个体腹部染锈红色/北京沙河/沈越

新疆阿勒泰/张国强

1029

# 洋斑燕
Pacific Swallow

体长：13厘米　居留类型：留鸟

特征描述：黑色闪金属光泽的中型燕类。前额、颏、喉栗红色，上体蓝黑色具金属光泽，下体淡灰色，尾短，开叉浅。
虹膜褐色；喙黑色；脚黑色。
生态习性：栖息于岛屿、低山丘陵、草场、农田等各类生境中。
分布：中国见于台湾岛。国外分布于东南亚至新几内亚。

台湾/吴敏彦

台湾/吴敏彦

台湾/吴敏彦

# 线尾燕
## Wire-tailed Swallow

体长：13-14厘米
居留类型：留鸟

　　特征描述：黑色闪金属光泽而下体白色的中型燕类。头顶红色，下体全白色，尾羽较短而呈方形，仅外侧两束尾羽延长成狭长的飘带。
　　虹膜暗褐色；喙黑褐色；脚黑色。
　　生态习性：似家燕。
　　分布：中国偶见于云南西南部。国外分布于非洲、中亚、印度次大陆、东南亚。

云南盈江/肖克坚

云南盈江/肖克坚

# 岩燕
Eurasian Crag Martin

体长：13-17厘米
居留类型：留鸟

　　特征描述：体型小的深褐色燕。上体灰褐色，下体色淡，翼下覆羽、尾下覆羽及尾色深，尾方形，近端处具白色斑。

　　虹膜暗褐色；喙黑色；脚肉棕色。

　　生态习性：栖息于海拔1500-5000米的高山峡谷地带，尤喜陡峭的岩石崖壁。

　　分布：中国分布于西部、北部、中部及西南地区。国外分布于欧洲南部、俄罗斯、印度、非洲。

新疆阿勒泰/张国强

内蒙古/张明

与其他筑泥巢的燕类一样，岩燕用粒粒泥丸垒出碗状的巢/新疆阿勒泰/张国强

新疆阿勒泰/张国强

# 纯色岩燕
Dusky Crag Martin

体长：12厘米　　居留类型：留鸟

特征描述：通身近黑色的岩燕。体型较岩燕为小，方形尾，除中央尾羽外，其余尾羽具白色斑。
虹膜深褐色；喙黑褐色；脚褐色。
生态习性：栖息于海拔1500米以下的多岩山区。
分布：中国分布于西藏、云南、广西。国外见于南亚及东南亚。

西藏/田穗兴

# 白腹毛脚燕
Northern House Martin

体长：13-15厘米
居留类型：夏候鸟、旅鸟

特征描述：体型小的燕。上体蓝黑色而富有金属光泽，下体和腰白色，脚被白色羽，尾叉深。

虹膜暗褐色；喙黑色；脚粉色。

生态习性：栖息在山地、森林、草坡、河谷等生境，尤喜临近水域的岩石山坡和悬崖。

分布：中国见于新疆、内蒙古、东北、华北、华中、华东、华南。国外分布于欧洲、非洲、西亚、中亚、南亚。

新疆阿勒泰/张国强

白腹毛脚燕也常在房檐下筑巢，有时筑群巢/新疆喀纳斯/吴世普

# 烟腹毛脚燕
Asian House Martin

体长：12-13厘米
居留类型：夏候鸟、旅鸟

　　特征描述：体型小而矮壮的黑色燕。上体蓝黑色具金属光泽，腰白色，尾浅叉，下体灰白色，翼下覆羽深色。

　　虹膜暗褐色；喙黑色；脚粉红色，脚被白色羽。

　　生态习性：成群栖息于海拔1500米以上山地的悬崖峭壁处。

　　分布：中国分布于中东部、青藏高原、华南及台湾岛。国外分布于喜马拉雅山脉至日本、东南亚。

岩壁凹处的巢/陕西佛坪/沈越

烟腹毛脚燕须下至水滨收集巢材——细腻的湿泥/四川卧龙/董磊

# 黑喉毛脚燕
Nepal House Martin

体长：12-13厘米
居留类型：留鸟

特征描述：体型小的燕。上体蓝黑色并具金属光泽，腰白色，颏、喉灰黑色，脚被白色羽，尾叉短几成方形。

虹膜暗褐色；喙黑色；脚褐色。

生态习性：栖息于海拔1000-2000米的山地溪流沿岸的岩石间。

分布：中国见于云南及西藏东南部。国外于喜马拉雅山脉、缅甸、老挝、越南。

西藏樟木/董磊

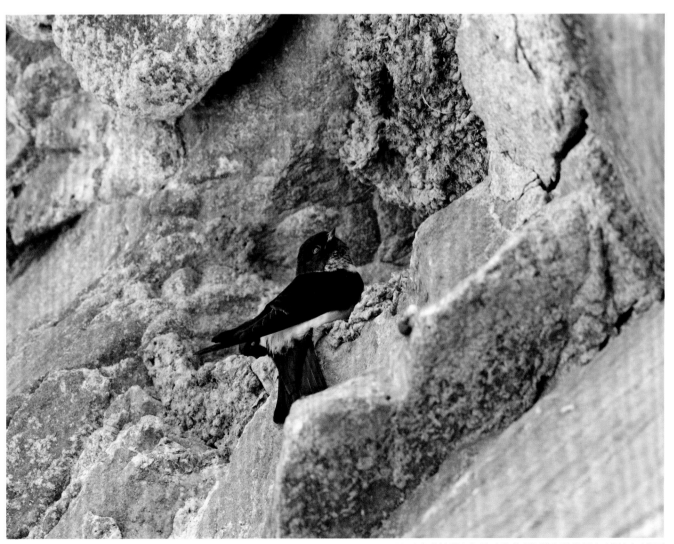

黑喉毛脚燕筑巢与烟腹毛脚燕巢极类似的位置/西藏樟木/董磊

# 金腰燕
Red-rumped Swallow

体长：16-20厘米
居留类型：夏候鸟、旅鸟

特征描述：腰部具明显的栗黄色的带状燕子。上体蓝黑色而具金属光泽，颊至后枕红褐色，腰棕栗色，下体淡褐色而具黑色纵纹，尾长呈深叉状。

虹膜褐色；喙黑色；脚黑色。

生态习性：主要栖于低山丘陵和平原地区的村庄、城镇等居民区。

分布：中国广泛分布于黑龙江西藏南部、云南、青藏高原东部、甘肃、宁夏以及整个东部、中部地区。国外分布于欧亚大陆、非洲。

福建福州/姜克红

贵州遵义/肖克坚

江西婺源/Craig Brelsford大山雀

金腰燕的泥巢开口为管状，似葫芦/广西/杨华

# 斑腰燕
Striated Swallow

体长：18-19厘米
居留类型：夏候鸟、留鸟

　　特征描述：极似金腰燕的燕类。上体蓝黑色而具金属光泽，腰深栗色，下体具粗的黑色纵纹，后颈无棕栗色领环。与金腰燕相比，体型粗壮，下体黑色纵纹更粗，腰上有较细的深色斑纹。

　　虹膜褐色；喙黑色；脚深褐色。

　　生态习性：栖息于低山丘陵和山脚平原地带的村寨以及邻近的山岩地带。

　　分布：中国见于云南和台湾岛。国外分布于印度、缅甸、泰国、老挝、马来西亚、菲律宾和印度尼西亚。

台湾/林月云

台湾/林月云

台湾/林月云

台湾/林月云

# 金冠地莺

Slaty-bellied Tesia

体长：8-9厘米　　居留类型：留鸟

特征描述：体型小而头顶颜色艳丽的莺。头顶至枕部金黄色，过眼纹黑色，上体橄榄绿色，下体石板灰色，尾极短。
虹膜褐色；上喙暗灰色，下喙灰绿色，基部黄色；脚褐色。
生态习性：栖息于海拔2000米以下的山地森林中，尤其喜欢在常绿阔叶林和沟谷林地的林下灌丛、草丛中活动有时也进入林缘灌丛和小块树林内。
分布：中国分布于西藏、云南、四川、贵州。国外见于喜马拉雅山脉东段、缅甸、泰国、越南。

云南百花岭/董磊

云南/张永

# 灰腹地莺

Grey-bellied Tesia

体长：8-10厘米　　居留类型：留鸟

特征描述：体型小而立姿甚直的橄榄灰色莺。头顶及上体橄榄绿色，过眼纹黑色，眉纹淡黄绿色，下体灰色。
虹膜褐色；上喙黑褐色，喙基部和下喙暗黄色；脚褐色。
生态习性：栖息于海拔2500米以下山地的常绿阔叶林和沟谷林的林下灌丛与竹丛中，也见于林缘疏林、草坡和灌丛。
分布：中国记录于西藏、云南、广西。国外分布于喜马拉雅山脉、缅甸北部、老挝、泰国、越南北部。

云南/张永

云南/张永

# 栗头地莺
Chestnut-headed Tesia

体长：8-10厘米
居留类型：留鸟

　　特征描述：体型小而色彩艳丽的地莺。额至头顶、眼先和头侧亮栗色，眼后有一白色点。上体橄榄褐色，下体鲜黄色，尾甚短。

　　虹膜褐色；喙褐色，下喙基色浅；脚浅褐色。

　　生态习性：主要栖息于常绿阔叶林、次生林下部的灌丛与草丛中。

　　分布：中国见于西藏、云南、贵州、四川。国外分布于喜马拉雅山脉、印度、泰国、越南北部。

冬季和迁徙季节一些栗头地莺出现在四川盆地，甚至出现在一些城市绿地中/四川成都/董磊

云南/张永

# 鳞头树莺
Asian Stubtail

体长：8-10厘米　居留类型：夏候鸟、旅鸟、冬候鸟

**特征描述：**体型小而尾极短的树莺。头顶具鳞状斑，眉纹甚长，呈皮黄色，贯眼纹黑色，上体棕褐色，下体白色。虹膜黑褐色；上喙褐色，下喙肉色；脚粉红色。

**生态习性：**栖息于海拔1500米以下山地的森林及林缘地带，尤喜林中河谷溪流沿岸以及僻静的密林深处。

**分布：**在中国繁殖于东北、华北，迁徙季节途经华中、华东至东南、华南包括台湾岛越冬。国外分布于东北亚及东南亚。

北京/孙驰

福建福州/林峰

台湾/吴廖富美

# 淡脚树莺

Pale-footed Bush Warbler

体长：11-13厘米
居留类型：留鸟

　　**特征描述：**体型略小的树莺。头具长的淡黄色眉纹和粗的黑色过眼纹，上体褐色，下体亮白色，胁部和尾下粉黄色，尾短而方。似鳞头树莺，但尾更长、初级飞羽突出更短，且头和身体无鳞斑。

　　虹膜褐色；上喙褐色，下喙粉色；脚肉白色。

　　**生态习性：**栖息于海拔1500米以下山地的阔叶林、次生林、灌丛、草丛中。

　　**分布：**中国分布于云南、广西、香港、澳门。国外见于南亚、中南半岛。

广西/袁屏

广西/袁屏

# 异色树莺
Aberrant Bush Warbler

体长：11-12厘米　居留类型：留鸟

特征描述：体型小暗橄榄色树莺。眉纹黄色，贯眼纹黑色，上体暗橄榄色，两翅和尾黑褐色，羽缘棕褐色。额、喉黄白色，其余下体污黄色。

虹膜浅褐色；上喙黑褐色，下喙基粉红色；脚黄色。

生态习性：栖息于海拔2000-3500米的常绿阔叶林和针叶林中，也栖息于灌丛、竹丛和高草丛间。

分布：中国分布于西藏、云南、四川、陕西、山西。国外见于喜马拉雅山脉、中南半岛北部。

四川天全/董磊

四川天全/董磊

异色树莺甚似棕腹柳莺，但后者多活动于林缘草、灌丛/四川雅安/李锦昌

# 远东树莺
Manchurian Bush Warbler

体长：17-18厘米　居留类型：夏候鸟、旅鸟、冬候鸟

特征描述：体型较大的树莺。额和头顶红褐色，眉纹黄白色，贯眼纹黑色，上体橄榄褐色，下体污白色。
虹膜褐色；上喙褐色，下喙肉褐色；脚粉灰色。
生态习性：栖息于海拔1100米以下的低山丘陵和山脚平原地带的林缘疏林、次生林和灌丛生境。
分布：中国见于中东部、华南、台湾岛。国外分布于东北亚及东南亚。

河南董寨/王瑞卿

台湾/吴廖富美

台湾/林月云

江苏盐城/孙华金

台湾/吴廖富美

# 强脚树莺
Brownish-flanked Bush Warbler

体长：10-12厘米　居留类型：留鸟

特征描述：体型小暗褐色树莺。上体橄榄褐色，眉纹长而皮黄色，下体白色，两胁染褐黄色。
虹膜褐色；上喙褐色，下喙黄色；脚粉红色。
生态习性：栖息于海拔2000米以下山地的常绿阔叶林、次生林以及灌丛、竹丛与高草丛中。鸣声似响亮的哨音而又有规律。
分布：中国见于西藏、西南、华中、华南、东南、台湾岛。国外见于喜马拉雅山脉、东南亚。

河南董寨/沈越

江西南矶山/林剑声

河南董寨/沈越

西藏山南/李锦昌

陕西洋县/沈越

# 黄腹树莺
Yellowish-bellied Bush Warbler

体长：10-12厘米　　居留类型：留鸟

特征描述：体型小而单一褐色树莺。眉纹长而皮黄色，上体褐色，喉、胸灰色，腹黄色，外侧飞羽的羽缘棕色，形成翼纹。
虹膜褐色；上喙褐色，下喙粉红色；脚粉褐色。
生态习性：栖息于海拔1500-3700米山地的森林和林缘灌丛与竹丛中。
分布：中国分布于华中、西南、华东、台湾岛。国外见于缅甸。

台湾/吴敏彦

台湾/林月云

台湾/吴敏彦

西藏/张永

甘肃/张永

# 棕顶树莺
Grey-sided Bush Warbler

体长：10-11厘米　居留类型：留鸟

特征描述：体型小而颜色艳丽的树莺。头顶浅棕色，眉纹棕白色，贯眼纹黑褐色，上体棕褐色，下体灰白色，两胁灰褐色。
虹膜褐色；上喙褐色，下喙肉黄色；脚粉灰色。
生态习性：栖息于海拔2500-4000米的高山森林和林缘灌丛中。
分布：中国分布于西藏、四川、云南。国外见于喜马拉雅山脉和缅甸。

福建福州/田三龙

福建福州/田三龙

西藏亚东/董磊

# 宽尾树莺
Cetti's Warbler

体长：14厘米　　居留类型：夏候鸟

特征描述：中等体型而壮实的单褐色树莺。眉纹短而灰白色。上体暗棕色，下体白色，尾宽而圆，尾下覆羽较长，淡黄色而具白色点。

虹膜暗褐色；上喙色深，下喙粉红色；脚粉红色。

生态习性：栖息于近水边的植被，如芦苇、高草等。

分布：中国见于新疆。国外分布于欧洲、北非、中东、中亚。

青海海南/李锦昌

新疆塔城/文志敏

宽尾树莺的栖息环境颇不同于其他树莺/新疆塔城/文志敏

# 棕脸鹟莺
Rufous-faced Warbler

体长：9-10厘米
居留类型：留鸟

　　**特征描述**：体型略小、色彩亮丽的莺。头栗色，具黑色侧冠纹。上体橄榄绿色，腰黄色，喉呈黑白色斑驳状，胸、两胁和尾下覆羽黄色，其余下体白色。

　　**虹膜**栗褐色；**上喙**褐色或淡褐色，**下喙**黄色；**脚**绿灰色。

　　**生态习性**：栖息于海拔2500米以下山地的阔叶林和竹林中。

　　**分布**：中国分布于云南、华中、华南、东南、海南岛、台湾岛。国外见于尼泊尔、印度、缅甸、泰国、越南、老挝。

福建永泰／郑建平

陕西洋县／沈越

台湾/林连水

福建永泰/郑建平

# 黄腹鹟莺
Yellow-bellied Warbler

体长：9-10厘米
居留类型：留鸟

特征描述：体型略小而腹部黄色的莺。顶冠灰色，眉纹白色，背部绿色，腰黄色，额、喉和上胸白色，其余下体黄色。

虹膜暗褐色；上喙暗褐色，下喙基部铅黄色；脚肉黄色。

生态习性：栖息于海拔2000米以下山地的次生林和疏林灌丛中。

分布：中国分布于云南、西藏。国外见于喜马拉雅山脉、东南亚。

云南那邦/沈越

云南西双版纳/董磊

# 黑脸鹟莺
Black-faced Warbler

体长：9-10厘米　居留类型：留鸟

特征描述：体型小而多彩的莺。头顶、颈背灰色，额黄色，眉纹长黄色，脸罩黑灰色。上体绿色，腰黄色。颏、喉及尾下覆羽黄色，腹白色。

虹膜暗褐色；喙褐色；脚棕褐色。

生态习性：栖息于海拔2000-2600米山地的常绿阔叶林、竹林和林缘灌丛中。

分布：中国分布于西藏、云南、四川。国外见于尼泊尔、印度、孟加拉国、缅甸、越南。

西藏樟木/白文胜

西藏/张明

西藏/刘勇

# 金头缝叶莺
Mountain Tailorbird

体长：10-12厘米
居留类型：留鸟

　　**特征描述**：体型小的腹部黄色的莺类。头顶棕色，眉纹黄色，头侧、后颈和颈侧暗灰色，上体橄榄绿色，腰黄色，额、喉、胸白色，其余下体黄色。

　　虹膜褐色；上喙暗褐色，下喙肉黄色；脚肉色。

　　**生态习性**：栖息于海拔1500米以下的低山及河谷地带的常绿阔叶林、沟谷雨林、竹林、灌丛中。具有灵巧而高超的筑巢技术，能把树的叶子缝在一起营造鸟巢。

　　**分布**：中国分布于西藏、云南、广西、广东、福建。国外见于印度、菲律宾、马来半岛、印度尼西亚。

广东海丰/薄顺奇

海南/吴崇汉

海南／吴崇汉

金头缝叶莺多活动于茂密植被的底层／海南／吴崇汉

# 北长尾山雀
Long-tailed Tit

体长：14厘米
居留类型：留鸟

　　特征描述：尾长而头部全白色的长尾山雀。背黑色，肩和腰葡萄红色，翼上具大块白色斑，下体近白色。黑色尾羽长，外侧尾羽白色。在中国分布的仅有*caudatus*亚种。

　　虹膜褐色；喙黑色；脚铅黑色。

　　生态习性：栖息于山地针叶林和针阔混交林中。

　　分布：中国见于东北。国外分布于欧洲北部、亚洲北部。

成鸟/辽宁/张永

成鸟/新疆阿勒泰/张国强

# 银喉长尾山雀
Silver-throated Bushtit

体长：14厘米　　居留类型：留鸟

**特征描述：**尾长而体色较淡的长尾山雀。具宽阔的黑色侧冠纹，上背灰色，肩葡萄红色，翼上具大块白色斑，尾羽黑色，外侧尾羽白色。

虹膜褐色；喙黑色；脚铅黑色。

**生态习性：**栖息于山地针叶林和针阔叶混交林中。

**分布：**中国鸟类特有种，分布于华北、甘肃、青海、四川、云南、华中、华东。

北京/沈越

甘肃兰州/王昌大

北京/沈越

# 红头长尾山雀
Black-throated Bushtit

体长：9.5-11厘米
居留类型：留鸟

　　**特征描述**：颜色鲜艳的长尾山雀。头顶栗红色，脸颊黑色，背蓝灰色，颏、喉白色，喉中部黑色，胸腹白色，具栗色胸带，两胁栗色，尾长，外侧尾羽具楔形白色斑。
　　虹膜橘黄色；喙蓝黑色；脚棕褐色。
　　**生态习性**：栖息于海拔400-3200米的山地森林和灌木林间，也见于茶园、果园、农田以及人类居住地附近。
　　**分布**：中国分布于西藏、西南、华中、华南东南、台湾岛。国外见于喜马拉雅山脉、缅甸、老挝、越南等地。

江苏无锡/张明

台湾/吴威宪

四川绵阳/王昌大

江西龙虎山/曲利明

# 棕额长尾山雀

Rufous-fronted Bushtit

体长：10-12厘米　　居留类型：留鸟

特征描述：额部棕色的长尾山雀。头侧黑色，顶冠纹、髭纹、颈侧黄褐色，喉银白色，其余下体红褐色，上体灰色。虹膜黄色；喙黑色；脚褐色。

生态习性：栖息于海拔2500-3700米山地的阔叶林、针叶林和混交林中。

分布：中国见于西藏。国外分布于尼泊尔、不丹和印度。

西藏吉隆/董江天

# 黑眉长尾山雀
Black-browed Bushtit

体长：10~12厘米
居留类型：留鸟

　　特征描述：脸部黑色的长尾山雀。额白色，脸颊黑色，具宽阔的白色中央冠纹，到后部中央冠纹变为淡棕色，上体橄榄灰色，胸具棕褐色横带，下体白色，两胁棕褐色。

　　虹膜橘黄色；喙黑色；脚棕褐色。

　　生态习性：栖息于海拔2000~2700米山地的针叶林和针阔混交林中。

　　分布：中国分布于西藏、云南、四川、贵州。国外见于缅甸。

云南大理/李锦昌

云南大理/李锦昌

# 银脸长尾山雀
Sooty Bushtit

体长：10-11厘米
居留类型：留鸟

　　**特征描述：**体型小而形态滑稽的长尾山雀。头顶至后颈棕褐色，上体褐色，颊、颏、喉银灰色，下体白色，两胁棕色，胸具宽阔的褐色胸带，尾黑褐色，外侧尾羽白色。

　　**虹膜**黄色；**喙**黑色；**脚**棕褐色。

　　**生态习性：**栖息于海拔1000米以上的高山森林中。

　　**分布：**中国鸟类特有种，分布于湖北、陕西、甘肃、四川。

四川绵阳/王昌大

四川绵阳/王昌大

# 花彩雀莺
## White-browed Tit Warbler

体长：9-12厘米　　居留类型：夏候鸟

特征描述：体型小而羽毛松软的偏紫色雀莺。头顶栗色，眉纹白色，过眼纹黑色，上背及翅灰色。雄鸟腰部和尾上覆羽、尾羽、下体紫罗兰色，下腹到尾下栗色，外侧尾羽白色。雌鸟下体灰色。

虹膜红色；喙黑色；脚黑色。

生态习性：栖息于海拔2500米以上的高山草甸和灌丛中，常结群或成对活动。

分布：中国分布于新疆天山、昆仑山脉、甘肃北部、青海、四川及西藏。国外分布于哈萨克斯坦、吉尔吉斯斯坦、塔吉克斯坦、阿富汗、巴基斯坦、印度及不丹地区。

花彩雀莺多栖于灌丛，偶至乔木上活动/雄鸟/四川帕姆岭/沈越

雄鸟/四川帕姆岭/沈越

雌鸟/西藏/张明

1071

# 凤头雀莺

Crested Tit Warbler

体长：10厘米
居留类型：留鸟

特征描述：体型小而具白色羽冠的雀莺。雄鸟头侧、颈侧和胸部栗色，上背、翅和尾羽绛紫色，外侧尾羽深灰色。雌鸟喉部及胸部白色，下胸到尾下覆羽紫色。

虹膜红色；喙黑色；脚黑褐色。

生态习性：栖息于海拔3000米以上的高山冷杉林和林缘灌丛中，常结群或者成对活动。

分布：中国鸟类特有种，仅分布于西藏东南部、四川西部、甘肃西北部和青海东南部。

雄鸟/内蒙古阿拉善左旗/王志芳

凤头雀莺更依赖于高山暗针叶林中的乔木/青海/张浩

雄鸟/甘肃莲花山/郑建平

雌鸟/西藏林芝/董磊

# 欧柳莺
Willow Warbler

体长：11-12厘米　居留类型：留鸟

特征描述：头顶无顶冠纹的柳莺。眉纹黄白色，上体灰绿色，喉及胸淡黄色，腹白色，不具翅斑，初级飞羽较长。
虹膜褐色；上喙深色，下喙浅色；脚浅褐色。
生态习性：栖息于各种林地和园林中。
分布：中国在青海、河北、内蒙古、新疆和香港有过记录。国外分布于欧洲、非洲至西伯利亚。

新疆奇台/陈亮

# 叽喳柳莺
## Common Chiffchaff

体长：10-12厘米　　居留类型：夏候鸟、旅鸟、冬候鸟

特征描述：褐色的小型柳莺。无顶冠纹，眉纹和眼圈皮黄色，无翅斑，腰、尾上覆羽、飞羽及尾羽的羽缘均沾橄榄色，下体偏白色。在中国分布的亚种*tristis*有时被作为独立物种。

虹膜褐色；喙黑色；脚黑色。

生态习性：栖息于林地、灌丛和近水边，繁殖于有草丛覆盖的开阔林地。

分布：中国繁殖于新疆，在香港、广东、山东、湖北、河南等地有零星记录。国外分布于整个欧洲大陆，直至东西伯利亚。

内蒙古阿拉善左旗/王志芳

新疆阿勒泰/张国强

新疆阿勒泰/沈越

# 东方叽喳柳莺
Mountain Chiffchaff

体长：10-11厘米
居留类型：夏候鸟、旅鸟、留鸟

　　**特征描述**：褐色的小型柳莺。无顶冠纹及翅斑，似叽喳柳莺*tristis*亚种，但体羽无明显橄榄色，飞羽羽缘浅色。
　　**虹膜**褐色；**上喙**黑色，下喙端黑色，而基部黄褐色；**脚**浅黄色。
　　**生态习性**：栖息于海拔2500-5000米山地的阔叶林和灌丛中，冬季到低海拔地带。
　　**分布**：中国繁殖于新疆西部。国外分布于高加索山脉、中东至帕米尔高原、喜马拉雅山脉西北部。

新疆喀什/李锦昌

新疆喀什/雷进宇

# 褐柳莺
Dusky Warbler

体长：10-11厘米
居留类型：夏候鸟、旅鸟、冬候鸟

**特征描述：**褐色的小型柳莺。无顶冠纹及翅斑，眉纹在眼先处白色，在眼后皮黄色，下体污白色。繁殖于中国西部的亚种*weigoldi*体型较大，颜色较暗，有时被作为独立物种*Phylloscopus robustus*或置于烟柳莺*Phylloscopus fuligiventer*之下。

虹膜褐色；上喙黑褐色，下喙黄褐色，尖端黑色；脚淡褐色。

**生态习性：**繁殖生境为河流、沼泽周围的低矮灌丛及森林，高可至海拔4000米的亚高山阔叶林，迁徙或越冬时见于各类灌丛，偏好于近水的生境。

**分布：**中国繁殖于东北地区，在华中及华南地区越冬。国外分布于俄罗斯东部、蒙古、东亚诸国，在东南亚、南亚越冬。

眼先处眉纹和贯眼纹的清晰分界使其区别于同域分布而形似的巨嘴柳莺/北京/张永

北京/沈越

1077

# 华西柳莺
Alpine Leaf Warbler

体长：11-11.5厘米　　居留类型：夏候鸟、旅鸟、冬候鸟

特征描述：中等体型的绿色柳莺。具长且宽的黄色眉纹，无顶冠纹及翅斑，下体柠檬黄色。
虹膜褐色；上喙黑褐色，下喙基本全浅色；脚棕褐色。
生态习性：繁殖地高至海拔5000米的山地森林和林线以上的灌丛。冬季下移到低海拔生境。
分布：中国为陕西南部、四川、甘肃、青海、云南、贵州等省区的繁殖鸟。国外越冬于印度、缅甸和泰国北部。而姊妹种黄腹柳莺（*Phylloscopus affinis*）则仅分布于喜马拉雅山地区和西藏南部，与华西柳莺在西藏东部的界限尚待进一步研究。

四川卧龙/董磊

甘肃/王英永

青海/张永

# 棕腹柳莺
Buff-throated Warbler

体长：10.5-11.5厘米
居留类型：夏候鸟、旅鸟、冬候鸟

四川凉山/李锦昌

特征描述：中等体型的绿色柳莺。无顶冠纹及翅斑，与黄腹柳莺近似，但上体更偏棕色，下体更偏浅黄色，眉纹不明显。

虹膜褐色；上喙黑褐色，下喙尖端色深；脚褐色。

生态习性：栖息于海拔900-2800米的山地针叶林和林缘灌丛中，也见于低山地带的树林中。

分布：中国于华中、华南及华东为繁殖鸟，越冬于西南和华南。国外仅冬季见于尼泊尔、缅甸、越南、老挝、柬埔寨和泰国。

向亲鸟（左）乞食的幼鸟（右）/江西武夷山/林剑声

# 灰柳莺
Sulphur-bellied Warbler

体长：11厘米　居留类型：夏候鸟

特征描述：中等体型的褐色柳莺。无顶冠纹及翅斑，上体冷褐色，下体硫黄色，眉纹长而呈鲜黄色，与上体对比明显。
虹膜暗褐色；上喙黑色或角褐色，下喙黄色或橙黄色；脚橙色。
生态习性：泛指时栖息于海拔2300-4500米山地的森林上缘的疏林和灌丛中，喜多岩石的山坡和沟谷灌丛，迁徙和冬季时下移到低海拔地带。
分布：中国繁殖于新疆和青海西部。国外见于蒙古、中亚、阿富汗、巴基斯坦和印度。

新疆阿勒泰/邢睿

# 棕眉柳莺
## Yellow-streaked Warbler

体长：11-12厘米　　居留类型：夏候鸟、旅鸟、冬候鸟

特征描述：体型中等偏大的褐色柳莺。体羽偏橄榄色，无顶冠纹及翅斑，眉纹长而宽，在眼先处为皮黄色，在眼后白色，并一直延伸至枕部，喙不如巨嘴柳莺粗壮，胸部有细的纵斑，胁部和尾下覆羽颜色不如巨嘴柳莺鲜艳。

虹膜褐色；喙黑褐色，下喙基部黄褐色；脚灰褐色。

生态习性：繁殖于海拔1400-3500米山地的阔叶林、针阔混交林及林缘灌丛中，迁徙越冬时喜欢近水的灌丛。

分布：中国繁殖区从东北的东南部经华北西部、西北部延伸到西南地区及西藏东南部地区。国外在泰国北部、缅甸和老挝越冬。

甘肃莲花山/廖晓东

棕眉柳莺颇喜在不高的灌丛或小树枝头活动鸣叫，十分不同于巨嘴柳莺和褐柳莺/青海西宁/李锦昌

甘肃莲花山/廖晓东

# 巨嘴柳莺

Radde's Warbler

体长：12-12.5厘米　居留类型：夏候鸟、旅鸟、冬候鸟

特征描述：体型较大的褐色柳莺。头部显得比例大，喙型粗壮而钝，眉纹长而宽阔，在眼先处为黄白色，在眼后转为污白色，下体前半部污白色，胸侧、两胁为弥散状的皮黄色。

虹膜暗褐色；上喙黑褐色，下喙基部黄褐色；脚黄褐色。

生态习性：繁殖于阔叶林及林缘灌丛中，迁徙越冬时见于各类灌丛及高草地。

分布：中国繁殖于黑龙江省的大兴安岭及长白山，迁徙时经东部地区，越冬于华南。国外繁殖于东北亚，在中南半岛越冬。

北京/沈越

北京/沈越

强壮的喙，眼先处眉纹与贯眼纹分界不明，使其区别于形似的褐柳莺/北京/张永

# 橙斑翅柳莺
Buff-barred Warbler

体长：10-11.5厘米　居留类型：夏候鸟、旅鸟、冬候鸟

特征描述：小型的橄榄色柳莺。具不明显的顶冠纹，眉纹黄色具两道橙黄色翅斑，腰部浅黄色，下体灰绿黄色，外侧尾羽白色。

虹膜黑褐色；喙黑褐色，下喙基部暗黄色；脚褐色。

生态习性：栖息于海拔1500-4000米山地的森林和灌丛中。

分布：中国分布于中部地区和西南山地。国外见于印度、缅甸、越南、老挝、泰国。

四川康定/董磊

云南/张明

西藏/张永

# 灰喉柳莺

Ashy-throated Warbler

体长：9-10厘米　　居留类型：夏候鸟、旅鸟、冬候鸟

特征描述：小型的橄榄色柳莺。头部及喉部灰色，具不明显的顶冠纹，眉纹灰白色，喉部以下黄色，具两道黄色翅斑，腰部黄色，外侧尾羽白色。

虹膜暗褐色；喙黑褐色；脚肉色。

生态习性：栖息于海拔2000-3000米山地的森林和竹林中，冬季也常下到海拔1000米左右的低山和平原地带的阔叶林和沟谷林中。

分布：中国繁殖于四川、云南、西藏。国外见于克什米尔、尼泊尔、锡金、不丹以及中南半岛北部。

云南怒江/李锦昌

西藏/张永

云南/杨华

# 甘肃柳莺
Gansu Leaf Warbler

体长：10厘米　　居留类型：夏候鸟、旅鸟

特征描述：小型具黄腰的柳莺。全身橄榄绿色，腰色浅具两道翅斑，但第二道不明显，三级飞羽羽缘浅色，顶冠纹色浅，甚似四川柳莺，但鸣声不同。

虹膜深褐色；上喙色深，下喙色浅；脚褐色。

生态习性：繁殖于有云杉及桧树的落叶林中。

分布：中国鸟类特有种，繁殖于甘肃等西北地区，越冬于西南。

甘肃兰州/廖晓东

甘肃兰州/廖晓东

青海西宁/李锦昌

# 黄腰柳莺

Pallas's Leaf Warbler

体长：9-10厘米　　居留类型：夏候鸟、旅鸟、冬候鸟

　　特征描述：小型的橄榄绿色柳莺。具有长而明显的柠檬黄色的顶冠纹，眉纹黄色，粗而长，腰部柠檬黄色，具两道翅斑，三级飞羽羽缘浅色。
　　虹膜暗褐色；喙黑褐色，下喙基部暗黄色；脚淡褐色。
　　生态习性：繁殖于高山森林中，迁徙越冬期在低山次生林、城市绿化带、公园、果园、红树林活动。
　　分布：中国繁殖于东北地区，迁徙时间见于大部分省份，在华中、华南及西南地区为冬候鸟。国外繁殖于东西伯利亚，在中南半岛北部和印度次大陆越冬，每年秋季有迷鸟出现在欧洲大陆及英国。

江西龙虎山/曲利明

河北/张永

福建福州/郑建平

# 四川柳莺
Sichuan Leaf Warbler

体长：10厘米　　居留类型：夏候鸟

特征描述：小型橄榄色柳莺。具污黄色不明显的顶冠纹，腰淡黄色且两道翅斑，三级飞羽羽缘浅色，靠鸣声与其他黄腰类柳莺相区别。

虹膜褐色；喙深色；脚褐色。

生态习性：繁殖于中高山针叶林和针阔混交林中。

分布：中国鸟类特有种，繁殖于云南北部、四川中部和陕西南部，越冬地未知。

云南腾冲/沈越

西藏/张永

四川瓦屋山/廖晓东

# 淡黄腰柳莺

Lemon-rumped Warbler

体长：10厘米　　居留类型：夏候鸟、旅鸟

特征描述：小型具顶冠纹的橄榄色柳莺。形态甚似四川柳莺，以鸣声区分。
虹膜褐色；喙深色；脚褐色。
生态习性：繁殖于中高山针叶林和针阔混交林中。
分布：中国分布于西藏、云南。国外见于喜马拉雅山脉至东南亚。

西藏/王昌大

西藏山南/李锦昌

西藏山南/李锦昌

# 云南柳莺
Chinese Leaf Warbler

体长：10厘米　　居留类型：夏候鸟、旅鸟

特征描述：灰橄榄色略似黄腰柳莺的柳莺。上体灰橄榄色，腰淡黄色，头顶暗橄榄灰色，顶冠纹浅色，在前段不明显，具两道翅斑，三级飞羽羽缘浅色，下体白色。

虹膜褐色；上喙色深，下喙色浅；脚褐色。

生态习性：栖息于海拔2600米以下山地的针阔混交林中。繁殖期常立于树顶连续鸣唱较长时间。

分布：中国见于中东部山地。国外见于东南亚。

四川若尔盖/戴波

立于树顶长时间鸣叫的习性颇不同于其他类似的柳莺/甘肃莲花山/廖晓东

四川若尔盖/戴波

# 黄眉柳莺
Yellow-browed Warbler

体长：9-10厘米　　居留类型：夏候鸟、旅鸟、冬候鸟

特征描述：小型的橄榄绿色柳莺。眉纹黄色，具两道翅斑，三级飞羽羽缘浅色，与黑色羽区对比明显。
虹膜暗褐色；喙褐色，下喙基部黄色；脚褐色。
生态习性：繁殖于高至海拔3500米山地的阔叶林和针叶林中，迁徙期见于各类生境，常于阔叶林及灌丛中越冬。
分布：在中国东北地区繁殖，在新疆极北部可能也有繁殖，迁徙时经过中国大部分地区，在华东、华南、西南诸省越冬。国外繁殖于俄罗斯乌拉尔山以东、西伯利亚、蒙古北部及朝鲜半岛，越冬于中南半岛。

福建福州/林晨

河北/杨华

山东大黑山岛/沈越

北京/张永

云南/张浩

# 淡眉柳莺
Hume's Leaf Warbler

体长：9-10厘米
居留类型：夏候鸟、旅鸟、冬候鸟

　　特征描述：小型的橄榄绿色柳莺。头偏灰色，与绿色背部区别，具不明显的顶冠纹，眉纹白色，具两道翅斑，但第一道不明显，三级飞羽的羽缘浅色，对比不如黄眉柳莺明显。亚种*humei*颜色更偏绿色。

　　虹膜暗褐色；下喙黑色，仅基部黄色；脚深色。

　　生态习性：繁殖于自中山带至海拔4200米的高山，越冬于中低海拔的阔叶林及灌丛中。

　　分布：亚种*mandellii*在中国繁殖于华北至西南山地，迁徙见于华中，越冬于云南、西藏。亚种*humei*在中国新疆繁殖，越冬于西藏。国外繁殖于俄罗斯西伯利亚地区及中亚。

新疆阿勒泰/沈越

内蒙古贺兰山/王志芳

北京/张永

北京/张永

# 极北柳莺
Arctic Warbler

体长：12厘米　居留类型：夏候鸟、旅鸟

　　**特征描述：** 大型的橄榄色柳莺。无顶冠纹，具两道翅斑，但第一道通常较模糊，白色眉纹细长，前端不到喙基处，耳羽斑驳，初级飞羽超出三级飞羽的部分较长。亚种*xanthodryas*比指名亚种个体略大，上体色更绿，眉纹色更黄，有时也被认为是独立种"日本柳莺 *Phylloscopus xanthodryas*"。

　　虹膜暗褐色；上喙深褐色，下喙橙色，喙尖深色；脚黄色。

　　**生态习性：** 繁殖于潮湿的针叶林、针阔混交林及林缘灌丛中，越冬在各种林地生境。

　　**分布：** 中国繁殖于黑龙江，迁徙经大部分省份。国外繁殖于欧亚大陆北部及阿拉斯加西部，迁徙时见于欧亚大陆大部，在中南半岛及菲律宾越冬。

江西南昌/王揽华

江西南昌/林剑声

内蒙古达里诺尔/王英永

# 暗绿柳莺
## Greenish Warbler

体长：10-11厘米　居留类型：夏候鸟、旅鸟、冬候鸟

特征描述：中等体型的橄榄色柳莺。无顶冠纹，具一道翅斑，比极北柳莺体型小，眉纹前端到喙基，且初级飞羽超出三级飞羽的部分较短。

虹膜褐色；上喙黑褐色，下喙淡黄色；脚角质褐色。

生态习性：主要栖息于针叶林、针阔叶混交林和阔叶林中，也栖息于林缘疏林和灌丛中，尤其是河谷和溪流沿岸森林中较常见。繁殖季节主要栖息在海拔1500—3900米的中高山和高原山坡杉木或杉木、桦木混交林中，在林线上缘亦有记录。

分布：中国繁殖于西北及西南山地，在西藏、云南等地越冬。国外繁殖于亚洲北部及喜马拉雅山脉，越冬至印度和东南亚。

西藏/张永

青海互助/王英永

四川峨眉山/王昌大

# 双斑绿柳莺
Two-barred Warbler

体长：11.5-12厘米　居留类型：夏候鸟、旅鸟、冬候鸟

特征描述：体型较大的橄榄色柳莺。无顶冠纹，具两道翅斑，眉纹长，三级飞羽无浅色羽缘，初级飞羽超出三级飞羽的部分短于极北柳莺。
　　虹膜褐色；上喙黑褐色，下喙淡黄褐色；脚淡褐色。
　　生态习性：主要栖息于山地针叶林和针阔混交林中，迁徙季节在林缘、次生林以及灌丛中活动。
　　分布：中国繁殖于东北地区，迁徙经中国大部分地区，在华南及海南岛越冬。国外繁殖季节也见于俄罗斯远东地区，冬季见于东南亚各国。

河北/张永

北京/宋晔

台湾/吴崇汉

# 淡脚柳莺
Pale-legged Warbler

体长：11-12厘米
居留类型：夏候鸟、旅鸟

　　特征描述：体型较大的橄榄褐色柳莺。无顶冠纹，眉纹长，通常在眼前的部分黄色，具两道淡黄色的翅斑，三级飞羽无浅色羽缘。

　　虹膜暗褐色；上喙黑褐色，下喙浅色，喙尖的颜色浅；脚色淡肉色。

　　生态习性：主要栖息于中低海拔的山地针叶林和针阔叶混交林中，迁徙季节活动在林缘、次生林以及灌丛中，似虫鸣。

　　分布：中国繁殖于东北山地，迁徙经东部沿海地区。国外分布于俄罗斯远东地区，在中南半岛和马来半岛越冬。

河北/张永

上海南汇/薄顺奇

1097

# 乌嘴柳莺
Large-billed Leaf Warbler

体长：12.5厘米　　居留类型：夏候鸟、旅鸟

特征描述：体型大的橄榄色柳莺。无顶冠纹，眉纹长，具一道或两道翅斑。
虹膜暗褐色；喙大而暗褐色，下喙基部肉色；脚铅褐色。
生态习性：主要栖息于海拔2000－3500米山地的针叶林和针阔叶混交林中，尤其喜欢沿河流和山溪两岸的常绿针叶林，也见于林缘灌丛。
分布：中国繁殖于青海、甘肃、西南山地，东至湖北，迁徙经西南地区。国外分布于喜马拉雅山地区，部分越冬于缅甸、印度南部和斯里兰卡。

西藏/张永

甘肃莲花山/高川

四川卧龙/董磊

# 冕柳莺
Eastern Crowned Warbler

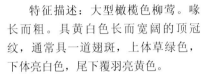

体长：12厘米
居留类型：夏候鸟、旅鸟

　　特征描述：大型橄榄色柳莺。喙长而粗。具黄白色长而宽阔的顶冠纹，通常具一道翅斑，上体草绿色，下体亮白色，尾下覆羽亮黄色。

　　虹膜褐色；上喙黑褐色，下喙粉红色；脚肉色。

　　生态习性：繁殖于中低海拔的阔叶林及针阔混交林、针叶林里，迁徙时喜阔叶林。叫声有特色，类似"jia-jia-ji"。

　　分布：中国繁殖于东北至华北的山地，迁徙时经中东部大部分地区，在新疆有一次记录。国外繁殖于俄罗斯、朝鲜半岛及日本，越冬见于南亚、中南半岛及苏门答腊岛。

辽宁/张明

臀部的黄色使其区别于大部分绿色柳莺/北京/沈越

# 西南冠纹柳莺

Blyth's Leaf Warbler

体长：11.5-12厘米　居留类型：夏候鸟、留鸟

　　特征描述：中等体型的绿色柳莺。上体橄榄色，具黄色顶冠纹，下体白色而沾黄色，具两道翅斑，与其他冠纹柳莺类似，以鸣声相区分。
　　虹膜褐色；上喙色深，下喙粉红色；脚黄色。
　　生态习性：栖息于阔叶林中，常倒悬于树枝觅食。
　　分布：中国分布于西藏、云南、四川。国外见于喜马拉雅山脉至中南半岛。

贵州/田穗兴

西藏山南/李锦昌

# 冠纹柳莺
## Claudia's Leaf Warbler

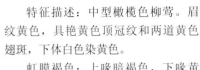

体长：10.5厘米
居留类型：夏候鸟、旅鸟

北京/张永

特征描述：中型橄榄色柳莺。眉纹黄色，具艳黄色顶冠纹和两道黄色翅斑，下体白色染黄色。

虹膜褐色；上喙暗褐色，下喙黄色；脚黄褐色。

生态习性：主要栖息在海拔3500米以下的山地阔叶林、针阔混交林、针叶林和林缘灌丛中，多活动在树冠层。常两翼轮换振翅，有时似鸸一般倒悬于树枝下方取食。

分布：中国繁殖于华北至山西、陕西、甘肃、四川、湖北等省，迁徙时经过中东部大部分地区。国外在东南亚越冬。

常沿树木枝干取食，动作似鸸/内蒙古阿拉善左旗/李锦昌

# 华南冠纹柳莺

Hartert's Leaf Warbler

体长：11.5-12厘米　　居留类型：夏候鸟、旅鸟、冬候鸟

　　特征描述：中等体型的绿色柳莺。上体绿色，下体黄色，具两道黄色翅斑，似黑眉柳莺，但侧冠纹为深绿色而非黑色，下体黄色较浅。亚种*fokiensis*似冠纹柳莺，但外侧尾羽的白色部分较少。

　　虹膜褐色；上喙色深，下喙粉红色；脚黄色。

　　生态习性：栖息于海拔500-1000米的常绿阔叶林中。

　　分布：　中国鸟类特有种，分布于华南、海南岛山地。

香港/李锦昌

福建福州/张浩

江西武夷山/王英永

江西武夷山/林剑声

江西武夷山/林剑声

# 峨眉柳莺

Emei Leaf Warbler

体长：11.5-12厘米　　居留类型：夏候鸟、旅鸟

特征描述：甚似冠纹柳莺。顶冠纹较不明显，侧冠纹较淡，在野外最好以鸣声来区分。
虹膜褐色；上喙色深，下喙粉红色；脚黄色。
生态习性：栖息于高至海拔1900米山地的阔叶林地。振翅快速，且不会两翅轮换。
分布：中国分布于四川、贵州至华南山地。国外在缅甸越冬。

四川雷波/戴波

四川雷波/戴波

# 云南白斑尾柳莺
Davison's Leaf Warbler

体长：11-11.5厘米　　居留类型：夏候鸟、留鸟

特征描述：甚似白斑尾柳莺。下体不如白斑尾柳莺黄，尾羽白色部分较少。
虹膜褐色；上喙色深，下喙粉红色；脚粉褐色。
生态习性：栖息于各种林地。两翅同时振动而有别于冠纹柳莺。
分布：中国见于云南。国外分布于缅甸、泰国、老挝、越南。

云南德宏/李锦昌

# 白斑尾柳莺

Kloss's Leaf Warbler

体长：10.5厘米
居留类型：夏候鸟、旅鸟

　　特征描述：中小体型的橄榄色柳莺。具模糊的顶冠纹及两道近黄色翅斑，似冠纹柳莺，但外侧尾羽白色，且行为、鸣声不同。

　　虹膜褐色；上喙黑褐色，下喙肉黄色；脚淡褐色。

　　生态习性：主要栖息于海拔3000米以下山地或常绿阔叶林、针阔混交林和针叶林中，也栖息于次生林和林缘灌丛地带。

　　分布：中国繁殖于东南山区，迁徙经华南。国外在东南亚越冬。

福建武夷山/林剑声

福建武夷山/林剑声

# 海南柳莺

Hainan Leaf Warbler

保护级别：VU　　体长：10.5厘米　　居留类型：留鸟

特征描述：中小型的橄榄色柳莺。具黄色顶冠纹及两道翅斑，上体绿色，下体亮黄色，眉纹黄色，外侧尾羽白色。
虹膜褐色；上喙黑褐色，下喙淡色；脚暗褐色。
生态习性：主要栖息于海南岛山地次生林中，尤以低山林缘和路边次生林较常见。
分布：中国鸟类特有种，仅分布于海南岛中南部琼中、南部吊罗山和西南部兴峰岭等地。

海南/宋晔

海南/陈久桐

海南/唐万玲

# 黄胸柳莺
Yellow-vented Warbler

体长：11厘米
居留类型：留鸟

　　特征描述：中等体型的多彩柳莺。颜色鲜艳，似黑眉柳莺，但下胸及腹部白色。
　　虹膜褐色；上喙色深，下喙色浅；脚粉色。
　　生态习性：栖息于海拔2000米以下山地的阔叶林、次生林、果园等生境。
　　分布：中国见于云南。国外分布于尼泊尔、印度、不丹、缅甸。

西藏墨脱/王昌大

西藏墨脱/王昌大

# 灰岩柳莺
## Limestone Leaf Warbler

体长: 11厘米
居留类型: 留鸟

特征描述: 体型略小的柳莺。与黑眉柳莺在形态上几乎无法区分，喙略长，上体略偏灰色，下体黄色略浅，在野外最好以鸣声来区分。

虹膜褐色；上喙色深，下喙粉色；脚黄粉色。

生态习性: 喜栖息于低地喀斯特地貌的阔叶林中。

分布: 中国见于广西西南部，有可能还分布于云南东南部。国外见于老挝中北部以及越南中部、北部。

广西/田穗兴

广西弄岗/林刚文

# 黑眉柳莺

Sulphur-breasted Warbler

体长：11厘米
居留类型：夏候鸟、旅鸟、留鸟

　　特征描述：中等体型的橄榄色柳莺。眉纹黄色而长，侧冠纹黑绿色，具黄色顶冠纹及两道黄色翅斑，上体亮绿色，下体鲜黄色。
　　虹膜暗褐色；上喙褐色或黑褐色，下喙橙黄色；脚黄粉色。
　　生态习性：主要栖息于海拔2000米以下山地的阔叶林和次生林中，也栖息于混交林、针叶林、林缘灌丛和果园中。
　　分布：中国繁殖于甘肃、西南、华中、华南地区。国外分布于越南、老挝北部。

江西武夷山/王英永

江西武夷山/林剑声

# 灰头柳莺
## Grey-hooded Warbler

体长：11厘米
居留类型：留鸟

西藏/张明

特征描述：中等体型的橄榄色柳莺。具模糊的顶冠纹，无翅斑，头顶及上背灰色，侧冠纹和过眼纹深色，眼圈白色，眉纹白色，两翼、腰和尾绿色，下体黄色。

虹膜暗褐色；上喙角褐色，下喙黄色；脚黄色。

生态习性：主要栖息于海拔1000－2600米山地的阔叶林中，也活动于针阔混交林和针叶林中。冬季多栖息在低山山脚和邻近平原地带的次生阔叶林及林缘疏灌丛。

分布：中国见于西藏。国外分布于喜马拉雅山脉及缅甸。

云南怒江/李锦昌

# 白眶鹟莺
White-spectacled Warbler

体长：11厘米　　居留类型：留鸟

　　**特征描述**：小型而色彩艳丽的鹟莺。形态似金眶鹟莺种组的种类，但是眼眶白色（*affinis*亚种）或者黄色（*intermedius*亚种），且眼圈上方有一缺刻，头侧和耳羽灰色，常具一道黄色翅斑。
　　虹膜褐色；上喙黑色，下喙黄色；脚黄色。
　　**生态习性**：繁殖于海拔高至2500米山地的竹林中，冬季垂直迁徙至低海拔的林缘地带，并且常加入混合鸟群中，常结群或者成对活动。
　　**分布**：亚种*affinis*分布于中国西藏东南部，可能见于云南东南部；亚种*intermedius*分布于四川中南部、贵州、广东北部和福建武夷山。国外分布于环喜马拉雅山地区和中南半岛的部分地区。

江西武夷山/林剑声

江西武夷山/林剑声

江西武夷山/林剑声

亲鸟（左一）在给刚出巢的雏鸟（右一、右二）喂食/江西武夷山/林剑声

江西武夷山/林剑声

# 金眶鹟莺
Green-crowned Warbler

体长：11~12厘米
居留类型：夏候鸟

特征描述：头顶绿色的鹟莺。黑色的侧冠纹明显，和韦氏鹟莺（*S. whilsteri*）相区别。

虹膜褐色；上喙黑色，下喙黄色；脚黄褐色。

生态习性：繁殖于海拔高至2600米山地的常绿阔叶林中，在林下取食。

分布：中国繁殖于西藏东南部及环喜马拉雅山地区。国外冬季迁徙到印度东部。

西藏樟木/白文胜

西藏日喀则/王昌大

# 灰冠鹟莺

Grey-crowned Warbler

　　**特征描述：**小型而下体颜色鲜艳的鹟莺。为金眶鹟莺类种组中头顶颜色最蓝的种类，黑色的顶纹和侧冠纹明显，翅斑不明显，多数个体金色眼圈后缘有一缺刻，下体柠檬黄色，外侧二枚尾羽白色，第三枚仅端部白色。

　　**虹膜**褐色；**上喙**黑色，**下喙**黄色；**脚**黄褐色。

　　**生态习性：**繁殖于海拔1400-2500米山地的常绿阔叶林或竹林中，常在林下灌丛活动。

　　**分布：**中国繁殖区分布于陕西、湖北、四川和云南，冬季可能迁徙到云南越冬。国外分布于印度、缅甸和越南。

四川老君山/张永

四川/张永

# 韦氏鹟莺
Whilstler's Warbler

体长：11-12厘米
居留类型：夏候鸟

特征描述：金眶鹟莺类种组中头顶绿色的种类。黑色的侧冠纹在前额变的模糊，和金眶鹟莺（*Seicercus burkii*）相区别，黄色眼圈完整（金眶鹟莺在后缘有缺刻），翅斑较明显（金眶鹟莺阙如），外侧三枚尾羽白色。

虹膜褐色；上喙黑色，下喙几乎全部黄色；脚黄褐色。

生态习性：繁殖于海拔2000－3500米山地的常绿阔叶林或落林阔叶林中，也出现在针叶林中。冬季垂直迁移到低海拔地区。

分布：中国繁殖于西藏东南部及环喜马拉雅山地区。国外见于缅甸西北部和北部。

云南德宏/李锦昌

西藏/张永

# 比氏鹟莺
Bianchi's Warbler

体长：11-12厘米　　居留类型：夏候鸟、留鸟

特征描述：小型而下体颜色鲜艳的鹟莺。前额黄绿色，黑色的顶纹和侧冠纹明显，但到前额处渐渐模糊，头顶灰蓝色，不如灰冠鹟莺（*Seicercus tephrocephalus*）鲜艳，亦淡于峨眉鹟莺（*Seicercus omeinensis*）。多数个体翅斑明显，金色眼圈后缘完整，下体柠檬黄色，外侧两枚尾羽白色区域较大。

虹膜褐色；上喙黑色，下喙黄色；脚黄褐色。

生态习性：繁殖于海拔1400-2000米山地的常绿阔叶林和次生林中，分布上可能和峨眉鹟莺（*Seicercus omeinensis*）重叠，常形成混合鸟群。冬季下降到低海拔地区。

分布：中国指名亚种繁殖于陕西和甘肃南部及西南山地，亚种*latouchei*繁殖于湖北、福建、江西、广西和广东，夏季还记录见于北京西部山地，迁徙季节有零星个体在北戴河被记录到。国外见于缅甸、老挝和越南北部。

河北/张永

江西武夷山/林剑声

江西武夷山/林剑声

1117

# 淡尾鹟莺
Plain-tailed Warbler

体长：11-12厘米　　居留类型：夏候鸟、旅鸟

特征描述：小型而下体颜色鲜艳的鹟莺。头顶灰蓝色，黑色的顶纹和侧冠纹明显，但到前额处非常模糊，相比其他种类喙亦较长。多数个体翅斑不明显，下体柠檬黄色，两枚外侧尾羽白色，但是内侧的一枚白色区域较小。
虹膜褐色；上喙黑色，下喙黄色；脚黄褐色。
生态习性：繁殖于海拔900－1500米山地的湿润常绿阔叶林中，常见于混合鸟群中。
分布：中国繁殖于陕西、四川东南部、贵州、江西和福建，在香港有越冬记录。国外在东南亚越冬。

江西武夷山/林剑声

# 灰脸鹟莺
Grey-cheeked Warbler

体长：11~12厘米　居留类型：夏候鸟

特征描述：小型而颜色鲜艳的鹟莺。显眼的白色眼圈上缘断开，翅斑白色，与白眶鹟莺（*Seicercus affinis*）形态相似，为一对近缘种，而相比白眶鹟莺，其头顶蓝灰色，黑色的顶纹和侧冠纹明显，但到前额处变模糊，脸颊部灰蓝色，和头顶连成一片，似"头罩"，额部白色，喙略小，单侧三枚外侧尾羽白色（白眶鹟莺白色）。

虹膜褐色；喙黑色；脚黄褐色。

生态习性：繁殖于海拔高至2000米山地的常绿阔叶林和浓密竹林中，冬季下迁到低海拔森林中。常见于混合鸟群中。

分布：中国见于西藏东南部和云南南部。国外繁殖于喜马拉雅山脉东部、尼泊尔中部、印度东北部和缅甸，另一孤立种群分布于老挝和越南。

云南/董江天

1119

# 栗头鹟莺

Chestnut-crowned Warbler

体长：9-10厘米　　居留类型：夏候鸟、留鸟、冬候鸟

特征描述：体型小而颜色鲜明的鹟莺。头顶绿色，具有黑色侧冠纹，眼圈白色，颈侧和前胸灰色，上背、翅膀及尾橄榄绿色，具有两道黄色翅斑，下体和腰部柠檬黄色。

虹膜褐色；上喙黑色，下喙黄色；脚灰色。

生态习性：繁殖于海拔高至2500米山地的常绿阔叶林中，在树冠层取食，常形成混合鸟群。

分布：中国繁殖于西藏东南部，西南和华南山地，在东南沿海越冬。国外分布于环喜马拉雅山区、缅甸、中南半岛和苏门答腊。

西藏/张明

福建福州/郑建平

福建武夷山/林剑声

西藏山南/李锦昌

云南/林黄金莲

# 东方大苇莺
Oriental Reed Warbler

体长：16-19厘米
居留类型：夏候鸟、旅鸟

　　特征描述：大型苇莺。上体褐色，眉纹皮黄色，喉浅色，胸微具纵纹，两胁褐色。体型比大苇莺小，以胸部有纵纹与之相区别。

　　虹膜褐色；上喙褐色，下喙基色浅；脚灰褐色。

　　生态习性：栖息于芦苇地、稻田、沼泽、湿草地，繁殖期发出很聒噪的叫声。在芦苇或灌木丛中营巢，是大杜鹃借巢寄生的主要对象，巢内常见有杜鹃卵或雏鸟。

　　分布：中国广泛分布于东部、中部和北部地区，迁徙时经过华南、海南岛、台湾岛。国外见于东北亚、南亚、菲律宾、印度尼西亚。

辽宁/张明

河北衡水/沈越

辽宁/张明

# 噪大苇莺
Clamorous Reed Warbler

体长：18-20厘米
居留类型：夏候鸟

　　**特征描述**：大型苇莺。与大苇莺形态极其相似，但是比大苇莺显得纤细，喙、尾、腿显得较长，喙亦细，眉纹更细且颜色深。

　　虹膜褐色；上喙褐色，下喙基色浅；脚灰褐色。

　　**生态习性**：似大苇莺。但在喜马拉雅山区的繁殖地海拔可至3000米。

　　**分布**：中国分布于西藏东南部、四川西南部、云南和贵州。国外分布自埃及东部、阿拉伯半岛东部、索马里、哈萨克斯坦东南部、伊朗和伊拉克南部、印度次大陆南部到缅甸北部。

云南大理/廖晓东

亲鸟（右）给已出巢的幼鸟喂食/云南大理/廖晓东

# 大苇莺
## Great Reed Warbler

体长：20厘米　　居留类型：夏候鸟

特征描述：大型苇莺。上体褐色，眉纹皮黄色，下体白色，胸侧、两胁及尾下覆羽沾褐色。

虹膜褐色；上喙褐色，下喙基色浅；脚灰褐色。

生态习性：栖息于海拔2000米以下的芦苇地、稻田、沼泽、湿草地等近水生境。繁殖期发出聒噪的"呱呱"叫声。主要以昆虫为食。

分布：中国仅分布于新疆西部和北部。国外广泛分布于欧洲大部至亚洲中部，长距离迁徙至非洲南部越冬。

新疆石河子/沈越

新疆阿勒泰/张国强

新疆阿勒泰/张国强

1125

# 黑眉苇莺
Black-browed Reed Warbler

体长：12-13厘米
居留类型：夏候鸟、旅鸟、冬候鸟

　　**特征描述**：中等体型的苇莺。上体棕褐色，眉纹黄白色，上有较粗的黑色侧冠纹，下体皮黄色。

　　虹膜橄榄褐色；上喙褐色，下喙色浅；脚粉色。

　　**生态习性**：栖息于海拔900米以下山地的芦苇、灌丛、草丛中。

　　**分布**：中国分布于东北、华北、华中及整个东部地区，部分在华南越冬。国外见于东北亚、东南亚。

北京/张永

北京/张永

辽宁/张明

黑龙江牡丹江/沈越

# 稻田苇莺
Paddyfield Warbler

体长：12-14厘米　居留类型：夏候鸟

　　**特征描述**：中等体型纯色、无纵纹的苇莺。白色眉纹长过眼，有短的侧冠纹，上体棕褐色，背部、腰部和尾上覆羽的部分为暖棕色，下体白色，上胸和两胁沾黄褐色。
　　**虹膜**褐色；**上喙**黑色，**下喙**偏粉色；**脚**粉色。
　　**生态习性**：栖息于各种水体岸边的芦苇和灌丛中。繁殖期成鸟常在灌丛顶端鸣叫，尾部不停地竖起和摆动。
　　**分布**：中国繁殖于新疆西北部和西部至柴达木盆地。国外繁殖区自俄罗斯南部经中亚延伸至蒙古西北部，南至帕米尔高原，越冬区在喜马拉雅山南麓的尼泊尔、印度、孟加拉等国。

新疆石河子/沈越

新疆阿勒泰/张国强

新疆五家渠/苟军

新疆阿勒泰/张国强

新疆/张明

# 布氏苇莺
Blyth's Reed Warbler

体长：12-14厘米
居留类型：夏候鸟

　　特征描述：中等体型的纯色无纵纹的
苇莺。眉纹白色，较短，仅于眼先的部
分明显，上体灰褐色，下体白色，上胸
和两胁沾棕色。
　　虹膜橄榄褐色；喙细长而偏粉色，喙
端黑色；脚褐色。
　　生态习性：栖息于各种生境，包括低
山丘陵的湿地附近、高山林地的林缘灌
丛、干旱平原中的绿洲和沙棘林、城市
公园和花园等。鸣声变化多端。
　　分布：中国见于新疆西北部伊犁河
谷和喀什地区，香港有过迷鸟记录。国
外繁殖区自欧洲北部一直延伸至蒙古西
部，南至帕米尔高原，越冬区在喜马拉
雅山南麓地区、印度东北部、缅甸和斯
里兰卡。

新疆阿勒泰/沈越

新疆阿勒泰/邢睿

# 芦苇莺
Eurasian Reed Warbler

体长：12-14厘米
居留类型：夏候鸟

新疆乌鲁木齐/邢睿

特征描述：中等体型纯色、无纵纹的苇莺。似布氏苇莺，白色眉纹短，无侧冠纹，上体灰褐色，腰部和尾上覆羽暖棕色，下体白色，上胸和两胁沾栗色，翅较长。

虹膜橄榄色；上喙黑色，下喙偏粉色；脚褐色。

生态习性：栖息于芦苇和高草丛中。

分布：中国繁殖于新疆西北部，迷鸟记录见于江苏。国外繁殖于欧洲北部，经俄罗斯一直延伸至中亚和巴基斯坦，南至帕米尔高原，越冬在非洲东部。

新疆五家渠/苟军

# 厚嘴苇莺
Thick-billed Warbler

体长：18-20厘米
居留类型：夏候鸟、旅鸟

特征描述：喙短粗而头部无纹的大型莺类。眼先和眼周淡黄白色，无眉纹，上体棕褐色，颏、喉白色，其余下体皮黄色，尾凸。

虹膜褐色；上喙黑色，下喙粉色；脚灰褐色。

生态习性：栖息于海拔800米以下的林地、灌丛及高草地。

分布：中国见于东北、华北及整个东部地区。国外分布于东北亚、东南亚。

新疆阿勒泰/邢睿

厚嘴苇莺更多地活动于林缘灌丛或小树丛中/新疆阿勒泰/邢睿

# 靴篱莺
Booted Warbler

体长：11厘米　居留类型：夏候鸟

特征描述：体型较小的莺类。体型和体态似柳莺，但颜色似苇莺，上体灰褐色，腰和尾上覆羽沾棕色，下体白色，两胁和尾下覆羽沾黄白色，尾平，外侧尾羽白色。

虹膜褐色；上喙黑色，下喙粉色；脚灰黑色。

生态习性：栖息于多种生境，如林地、灌丛、草地甚至城市公园，隐蔽在草丛中，不易观察。

分布：中国分布于新疆北部准噶尔盆地和阿尔泰山。国外见于自欧洲中部至蒙古西部，南至高加索山，越冬地在印度。

新疆阿勒泰/李锦昌

新疆阿勒泰/张国强

新疆阿勒泰/文志敏

1133

# 赛氏篱莺
Sykes's Warbler

体长：11-12厘米
居留类型：夏候鸟

　　特征描述：体型和体态极似靴篱莺。以往被认为是后者的一个亚种，但比靴篱莺灰褐色较重，下体棕色范围较大，喙型亦更加粗壮。

　　虹膜褐色；上喙黑色，下喙粉色；脚偏粉色。

　　生态习性：类似于靴篱莺。

　　分布：中国分布于新疆南部天山、喀什地区和吐鲁番盆地。国外见于自伊朗至中亚，到巴基斯坦和阿富汗，越冬地在印度。

新疆阿勒泰/张国强

新疆阿勒泰/沈越

# 沼泽大尾莺
Striated Grassbird

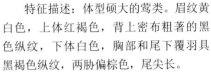

体长：23-26厘米
居留类型：留鸟

特征描述：体型硕大的莺类。眉纹黄白色，上体红褐色，背上密布粗著的黑色纵纹，下体白色，胸部和尾下覆羽具黑褐色纵纹，两胁偏棕色，尾尖长。

虹膜褐色；上喙黑色，下喙粉色；脚粉红色。

生态习性：栖息于多植被的农田、开阔地、沼泽、芦苇地，喜欢站在栖木上鸣叫。

分布：中国分布于云南、贵州以及广西等省区。国外见于印度东北部至中南半岛、菲律宾吕宋岛和印度尼西亚爪哇岛。

云南德宏/王昌大

只有停栖在高枝上时沼泽大尾莺易被观察到，但它们多数时间栖息于茂密的高草丛中/云南/张明

# 斑胸短翅莺
Spotted Bush Warbler

体长：11-12厘米
居留类型：夏候鸟、旅鸟

特征描述：翅短而尾长的小型莺类。上体橄榄褐色，头顶棕红色，眉纹皮黄色，下体灰白色，胸部满布黑色的点状斑，但冬季较淡，两胁及尾下覆羽橄榄褐色，尾下覆羽具宽阔的黑色端斑。

虹膜褐色；喙黑色；脚粉色。

生态习性：栖息于中山至高山的森林、灌丛及林线以上的杜鹃花灌丛中，叫声似蝉鸣干涩而连续。

分布：中国分布于秦岭至西南山地及西藏东南部。国外分布于喜马拉雅山西北部、印度东北部和缅甸，冬季见于泰国、越南、菲律宾和印度尼西亚。

四川唐家河/董磊

四川唐家河/董磊

1136

# 北短翅莺
Baikal Bush Warbler

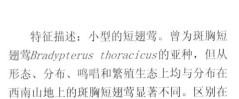

体长：12厘米
居留类型：夏候鸟、旅鸟

　　特征描述：小型的短翅莺。曾为斑胸短翅莺*Bradypterus thoracicus*的亚种，但从形态、分布、鸣唱和繁殖生态上均与分布在西南山地上的斑胸短翅莺显著不同。区别在于体型较小，上体橄榄色重而缺乏暖褐色，头侧和胸前的灰色较少，飞羽端较尖锐。
　　虹膜褐色；喙黑色；脚粉色。
　　生态习性：繁殖期栖息于海拔1200米山地的泰加林里，喜靠近溪流的多灌丛生境。性隐蔽，以昆虫为食，叫声似虫鸣而略带鼻音的连续"dzeep"。冬季出现在山脚或者平原多灌丛的生境，也见于芦苇丛中。
　　分布：中国繁殖于东北大兴安岭至河北东北部山地，有一孤立种群繁殖于秦岭，迁徙时经过东部地区。国外繁殖于俄罗斯中东部阿尔泰山至贝加尔湖以及乌苏里江流域，越冬于缅甸和泰国。

河北乐亭/陈亮

河北乐亭/陈亮

1137

# 棕褐短翅莺

Brown Bush Warbler

体长：12-14厘米　居留类型：留鸟

特征描述：翅短而尾长的小型莺类。具有皮黄色的短眉纹，上体棕褐色，下体白色，两胁及尾下覆羽棕褐色，尾下覆羽羽端白色，具不明显的鳞纹状。

虹膜褐色；上喙黑色，下喙粉红色；脚粉色。

生态习性：栖息于中山至低山的灌丛和草丛中，叫声为一连串的"zic-zic"声。

分布：中国分布于秦岭以南地区。国外分布于环喜马拉雅山的国家、印度东北部、缅甸和孟加拉国。

棕褐短翅莺眉纹阙如/江西武夷山/林剑声　　　　　　　　　　　　　江西武夷山/林剑声

江西武夷山/林剑声

# 台湾短翅莺
Taiwan Bush Warbler

体长：13-14厘米　　居留类型：留鸟

特征描述：体色为褐色的中型短翅莺。上体、双翅及尾棕褐色，脸部及颈侧沾灰色，具模糊的白色短眉纹，喉部及胸部白色，喉部具稀疏的黑色小斑点，腹部、两胁与尾下覆羽棕褐色，尾下覆羽具白色横斑。与棕褐短翅莺羽色相近，但后者缺乏眉纹，且尾下覆羽不具白色横斑，两者的叫声也不同。

虹膜褐色；喙黑色；脚粉红色。

生态习性：栖息在台湾岛海拔1200-3000米的箭竹丛、灌丛和草丛中。冬季下降到500-1000米的低海拔山区。生性隐蔽，如老鼠般穿梭于灌丛下，可听到其代表性如电报般的歌声"嘀嗒嗒，滴嗒嗒滴"。

分布：中国鸟类特有种，分布于台湾岛山地。

台湾/吴崇汉

台湾/吴崇汉

台湾/吴崇汉

# 高山短翅莺
Russet Bush Warbler

体长：13-14厘米
居留类型：留鸟

　　特征描述：翅短而尾长的小型莺类。头具皮黄色的短眉纹，颏及喉白具黑色纵纹，上体深褐色，下体白色，两胁及尾下覆羽沾橄榄色，尾下覆羽的羽端白色，具明显的鳞纹状。
　　虹膜褐色；上喙黑色，下喙粉红色；脚粉色。
　　生态习性：栖息于中山至低山的林缘灌丛和草丛中。
　　分布：中国间断性地分布于四川南部、云南东北部、福建武夷山脉。国外见于泰国、越南、菲律宾和印度尼西亚。

广东/王英永

广东/王英永

# 矛斑蝗莺
Lanceolated Warbler

体长：11-14厘米　　居留类型：夏候鸟、旅鸟

特征描述：眉纹细而呈淡黄色。上体橄榄褐色，布满粗的黑色纵纹，下体白色具黑色纵纹，尾羽端部无白色。
虹膜褐色；上喙褐色，下喙带黄色；脚粉色。
生态习性：栖息于稻田、沼泽、芦苇、灌丛中。性隐蔽。
分布：中国分布于西北、东北、华北及整个中东部。国外见于西伯利亚、东北亚、菲律宾、印度尼西亚。

山东长岛/薄顺奇

北京/宋晔

台湾/蔡健星

# 黑斑蝗莺

Common Grasshopper Warbler

体长：12-12.5厘米　居留类型：夏候鸟、旅鸟

　　特征描述：上体橄榄褐色并具黑色斑纹的蝗莺。头顶、上背、翅上覆羽和腰部具显著黑色纵纹，下体偏灰色，仅胸口具稀疏纵纹，尾下覆羽长，具黑色矛状纵纹。与同域分布的小蝗莺相比，个体较小而尾羽末端不为白色。

　　虹膜褐色；上喙褐色，下喙基色浅；脚粉色。

　　生态习性：似其他蝗莺。

　　分布：中国夏季见于新疆西北部。国外繁殖于自斯堪的纳维亚半岛、英伦三岛至俄罗斯贝加尔湖流域的温带地区，最南分布到西班牙北部、黑海和里海南部，在非洲西北部、东北部和印度次大陆越冬。

新疆伊犁/邢睿

新疆伊犁/文志敏

新疆伊犁/文志敏

# 小蝗莺
## Pallas's Grasshopper Warbler

体长：14-16厘米　　居留类型：夏候鸟、旅鸟

特征描述：眉纹皮黄色、尾短而呈楔形的莺类。上体深褐色，具显著黑色纵纹，腰部鲜栗色，纵纹较少，尾羽末端白色，下体皮黄色，胸具黑色纵纹。

虹膜褐色；上喙褐色，下喙色浅；脚粉色。

生态习性：栖息于芦苇地、稻田、沼泽、草丛中。性隐蔽。

分布：中国分布于西北、东北、华北及整个东部地区。国外见于东北亚、东南亚。

新疆乌鲁木齐/苟军

内蒙古阿拉善左旗/王志芳

新疆阿勒泰/张国强

# 北蝗莺
Middendorff's Grasshopper Warbler

体长：14-16厘米
居留类型：旅鸟

　　**特征描述**：大型蝗莺。眉纹灰白色，头部和背部具黑色斑纹，上体橄榄褐色，下体灰白色，两胁沾棕色，尾羽楔形，次端深色，末端白色。
　　虹膜褐色；上喙褐色，下喙色浅；脚粉色。
　　**生态习性**：栖息于低山和平原的灌丛和高草丛中。
　　**分布**：在中国迁徙时见于东部沿海地区。国外繁殖于俄罗斯远东地区、日本北海道，在菲律宾和印度尼西亚越冬。

福建长乐/高川

上海横沙岛/薄顺奇

# 史氏蝗莺
## Styan's Grasshopper Warbler

保护级别：VU　　体长：15-16厘米　　居留类型：夏候鸟、旅鸟

特征描述：大型蝗莺。头部和背部不具黑色斑纹，眉纹污白色，较短，上体深褐色，下体白色，两胁沾灰色，外侧尾羽末端白色。与北蝗莺相比，体色偏暗，头顶无黑色斑。

虹膜褐色；上喙褐色，下喙色浅；脚肉色。

生态习性：栖息于低山和平原的灌丛中，越冬时栖息于海边的红树林和芦苇灌丛中。

分布：在中国迁徙时偶有记录见于东部沿海地区，在黄海外海岛屿上繁殖。国外繁殖于俄罗斯萨哈林岛、日本和朝鲜半岛。

台湾/林月云

如很多长途迁徙的小型鸣禽一样，史氏蝗莺有时也会被迫降在毫无隐蔽的地方/上海横沙岛/薄顺奇

上海横沙岛/翁发祥

# 鸲蝗莺

Savi's Warbler

体长：13-13.5厘米　　居留类型：夏候鸟、旅鸟

　　特征描述：缺乏黑色斑纹的大型蝗莺。眉纹皮黄色，眼下亦具一皮黄色短纹，上体橄榄褐色而缺乏纵纹，喉部及下体白色为主，但颈侧、胸侧及胁部沾棕褐色，尾下覆羽棕褐色，羽端浅灰色，尾羽略呈楔形，尾端白色。
　　虹膜橄榄褐色；上喙角灰色，下喙基色浅；脚粉色。
　　生态习性：似其他蝗莺。
　　分布：中国夏季见于新疆西部天山和喀什地区及阿尔泰山。国外繁殖区自欧洲大陆至波罗的海南部、北非西北部，自高加索山至哈萨克斯坦，在非洲中部和东部越冬。

新疆福海/吴世普

新疆石河子/王昌大

新疆阿勒泰/邢睿

# 斑背大尾莺
Marsh Grassbird

体长：12厘米　　居留类型：夏候鸟、冬候鸟、留鸟

特征描述：小型蝗莺。眉纹白色。上体棕褐色而密布黑色纵纹，下体白色，两胁褐色，尾长，尾下覆羽皮黄色。
虹膜褐色；上喙黑色，下喙粉红色；脚粉红色。
生态习性：常栖息于低海拔的芦苇地里，常隐藏在芦苇的中下部。繁殖期雄鸟具有炫耀性飞行动作。
分布：中国仅分布于东北地区和长江中下游湿地。国外主要分布于日本。

育雏期满口食物的亲鸟/江西南矶山/林剑声

占区鸣叫的个体/辽宁/张明

育雏期满口食物的亲鸟/辽宁/张明

1147

# 棕扇尾莺
Zitting Cisticola

体长：9-11厘米
居留类型：留鸟

　　**特征描述**：眉纹白色、全身多斑点、体型小尾短的莺类。上体棕色，具显著黑色纵纹，尾凸。

　　虹膜褐色；喙褐色；脚粉红色。

　　**生态习性**：栖息于海拔1000米以下的灌丛、草丛、稻田中。繁殖期间雄鸟常在领域内振翅悬停和盘旋鸣叫。

　　**分布**：中国分布于西南、华中、华东、华南，近些年已经向北扩展到华北地区。国外见于南欧、非洲、西亚、南亚、东南亚、东亚。

出巢不久的幼鸟/北京沙河/沈越

收集巢材/福建永泰/郑建平

辽宁/张明

辽宁/张明

# 金头扇尾莺
Golden-headed Cisticola

体长：9-10厘米　　居留类型：留鸟

　　**特征描述：**体型小而具褐色纵纹的莺类。繁殖期雄鸟头顶金黄色，雌鸟及非繁殖期雄鸟头顶密布黑色纵纹，冬季尾羽更长，与棕扇尾莺的区别在于眉纹不明显，颈侧及后枕同为黄褐色。
　　**虹膜**褐色；**上喙**黑色，**下喙**粉红色；**脚**浅褐色。
　　**生态习性：**栖息于海拔1000米以下山地的灌木丛与草丛中。
　　**分布：**中国分布于西南、华南、台湾岛。国外见于印度至东南亚、澳大利亚。

台湾/吴威宪

广东/王英永

广东/王英永

# 山鹪莺
Striated Prinia

体长：13-18厘米　居留类型：留鸟

特征描述：体型略大而具深褐色纵纹的鹪莺。上体栗褐色，头顶、上背具明显深色纵纹，下体白色，胸具纵纹，两胁、胸及尾下覆羽棕色，尾长而凸。
虹膜浅褐色；喙黑色；脚粉色。
生态习性：栖息于灌丛与草丛中。
分布：中国分布于西藏、西南、华南、东南、台湾岛。国外分布于阿富汗、不丹、巴基斯坦、印度、缅甸。

福建南平/高川

收集巢材/四川成都/董磊

台湾/吴崇汉

# 黑喉山鹪莺
Hill Prinia

体长：15-16厘米　居留类型：留鸟

特征描述：体型略大而尾长的褐色鹪莺。眉纹粗而白，脸颊灰色，颏、喉白色，上体橄榄褐色，胸微具黑色斑，两胁皮黄色，下体白色，尾长而凸。
虹膜浅褐色；上喙暗色，下喙浅色；脚偏粉色。
生态习性：栖息于山地灌丛、草丛中。
分布：中国见于西南、华南。国外分布于缅甸、泰国、中南半岛、马来西亚、苏门答腊。

江西九连山/田穗兴

黑喉山鹪莺喉部主要为白色，仅有些许黑色纵纹/江西九连山/林剑声

福建武夷山/张浩

# 暗冕山鹪莺
Rufescent Prinia

体长：10-12厘米　居留类型：留鸟

特征描述：尾较其他山鹪莺短而体型小的棕色鹪莺。繁殖羽头灰色，眼先及眉纹白色。上体棕褐色，下体白色，腹部、两胁和尾下覆羽皮黄色，尾凸。

虹膜褐色；喙黑色；脚红褐色。

生态习性：栖息于海拔1500米以下山地的灌丛、草地和次生林中，也见于农田地边和村寨附近的稀树草坡、小树丛、灌丛和草丛中。

分布：中国分布于西藏、西南、广东。国外见于印度、缅甸、东南亚。

云南/林连水

云南/林连水

云南/林连水

# 灰胸山鹪莺
Grey-breasted Prinia

体长：10-12厘米　居留类型：留鸟

特征描述：尾较其他山鹪莺短而体型小、棕色或灰色、繁殖羽头部色深的鹪莺。繁殖羽上体烟灰色，飞羽的羽缘浅棕色。上胸灰色，下体白色，形成明显的灰色胸带，冬羽上体棕褐色，具短的白色眉纹，下体白色或灰白色，无胸带，尾长而凸。
虹膜橙黄色；喙黑色；脚偏粉色。
生态习性：栖息于草地、灌丛和稀树草坡等开阔地带，尤其喜欢农田和村寨附近的草丛、灌丛。
分布：中国分布于西藏、云南、四川、贵州、广西等省区。国外分布于巴基斯坦、印度、斯里兰卡、缅甸、泰国。

夏羽/云南瑞丽/沈越

云南瑞丽/廖晓东

冬羽/云南/张明

1154

冬季，灰胸山鹪莺常结群活动/冬羽/云南/王尧天

冬羽/云南西双版纳/沈越

# 黄腹山鹪莺
Yellow-bellied Prinia

体长：10-13厘米　居留类型：留鸟

特征描述：尾甚长、头顶色深、背部染棕而腹部黄色的鹪莺。上体橄榄褐色，喉、胸白色，其余下体黄色，尾长而凸。
虹膜浅褐色；上喙黑色，下喙浅色；脚橘黄色。
生态习性：栖息于芦苇、沼泽、灌丛、草地里，也栖息于河流、湖泊、水渠和农田边的灌丛与草丛中。
分布：中国分布于云南、华南、东南、海南岛、台湾岛。国外见于喜马拉雅山脉、缅甸、泰国、马来西亚、印度尼西亚。

福建永泰/郑建平

江西南昌/王揽华

台湾/林月云

江西龙虎山/曲利明

江西南昌/王揽华

# 纯色山鹪莺

Plain Prinia

体长：11-14厘米　　居留类型：留鸟

特征描述：全身纯浅黄褐色、尾长的鹪莺。繁殖羽具浅色眉纹，上体灰褐色，飞羽羽缘红棕色，尾长呈凸状，下体淡皮黄白色，冬羽尾较长，上体红棕褐色，下体淡棕色。
虹膜浅褐色；喙黑色；脚粉红色。
生态习性：栖息于海拔1500米以下山地的农田、果园和村庄附近的草地、灌丛中。
分布：中国分布于西南、华中、华东、华南、海南岛、台湾岛。国外见于喜马拉雅山脉、缅甸、泰国。

江西龙虎山/曲利明

四川德阳/董磊

台湾/吴崇汉

江西南昌/王揽华

纯色山鹪莺比其他山鹪莺更喜耕地周围少树木荫蔽的草丛、灌木/云南盈江/沈越

# 长尾缝叶莺
Common Tailorbird

体长：9-14厘米
居留类型：留鸟

特征描述：体型小喙尖细、顶冠棕色背绿色而腹部白色的莺。尾常竖起，前额和头顶棕色，枕后和颈背偏灰色，上体橄榄绿色，下体白色。繁殖期雄鸟中央尾羽狭长。

虹膜浅皮黄色；上喙黑色，下喙粉红色；脚粉灰色。

生态习性：栖息于海拔1000米以下山地的村旁、果园、公园、庭院等人居环境附近的小树丛、人工林和灌木丛中。

分布：中国分布于西藏、云南、华南、东南、海南岛。国外广布于东南亚至南亚。

福建长泰/曲利明

福建福州/姜克红

广西桂林/王昌大

云南西双版纳/沈越

# 黑喉缝叶莺
Dark-necked Tailorbird

体长：11-12厘米　　居留类型：留鸟

特征描述：体型小喙尖细、顶冠棕色背绿色而腹部白色的莺。尾常竖起。前额和头顶棕色，脸颊灰色，喉部黑色十分明显，上体橄榄绿色，下体白色，尾下覆羽柠檬黄色，与其他缝叶莺相比无明显眉纹。
　　虹膜褐色；上喙黑色，下喙浅色；脚粉色。
　　生态习性：似长尾缝叶莺。
　　分布：中国仅记录见于云南南部的西双版纳。国外见于印度北部、中南半岛、印度尼西亚和菲律宾。

云南西双版纳/田穗兴

# 大草莺
Chinese Grassbird

体长：16-18厘米
居留类型：留鸟

　　**特征描述**：体型大、尾长而具明显纵纹的草莺。眉纹白色，与土褐色的脸颊对比明显，上体棕褐色，自头顶、颈侧至上背具有粗的黑色纵纹，颈侧的羽毛浅棕色，腰部红棕色，不带任何条纹，下体白色，两胁棕色，尾下覆羽和尾羽深棕色。

　　虹膜红褐色；上喙角褐色，下喙浅色；脚粉色。

　　**生态习性**：喜欢低地的高草丛或者芦苇丛。性隐蔽，遇到危险钻入草丛中。曾为*Graminicola bengalensis*的亚种，但是形态和DNA证据支持其为独立物种。

　　**分布**：中国指名亚种分布于香港、广东和广西等省区。亚种*sinicus*仅分布于海南岛。国外亚种*sinicus*仅分布于越南北部。

香港/李锦昌

香港/李锦昌

1163